DK 629.12.011.1
629.12.07
532.582.4

FORSCHUNGSBERICHTE DES LANDES NORDRHEIN-WESTFALEN

Herausgegeben durch das Kultusministerium

Nr. 802

Prof. Dipl.-Ing. Wilhelm Sturtzel
Dipl.-Ing. Hermann Schmidt-Stiebitz

Lehrstuhl für Schiffbau, Institut an der TH Aachen
Versuchsanstalt für Binnenschiffbau, Duisburg

Die Widerstandsverhältnisse miteinander verbundener getauchter und halbgetauchter Körper und die Ermittlung gegenseitiger Beeinflussung, günstiger Formgestaltung und des Maßstabeinflusses bei Anhängen

24. Veröffentlichung der VBD

Als Manuskript gedruckt

WESTDEUTSCHER VERLAG / KÖLN UND OPLADEN

1959

ISBN 978-3-663-03490-2   ISBN 978-3-663-04679-0 (eBook)
DOI 10.1007/978-3-663-04679-0

Gliederung

1. Einführung . . . . S. 55
2. Planung der Versuche . . . . S. 6
3. Durchführung der Versuche . . . . S. 8
   3.1 Modell . . . . S. 8
   3.2 Modellaufhängung und Meßverfahren . . . . S. 8
   3.3 Auswertung . . . . S. 9
4. Ergebnisse . . . . S. 9
   4.1 Widerstand des Tauchkörpers ohne Stützen . . . . S. 10
   4.2 Widerstand des Tauchkörpers mit Stützen . . . . S. 11
   4.3 Einfluß der Strömungsverteilung . . . . S. 14
   4.4 Betrachtung der Absolutströmung . . . . S. 16
   4.5 Vergleich mit dem Doppeldecker . . . . S. 17
   4.6 Gegenüberstellung zu dem Bodeneffekt . . . . S. 17
   4.7 Vergleich mit der Unterwassertragfläche . . . . S. 19
   4.81 Taucheffekt . . . . S. 19
   4.82 Anhänge . . . . S. 21
   4.83 Propulsion . . . . S. 22
5. Zusammenfassung . . . . S. 23
6. Literaturverzeichnis . . . . S. 25
7. Anhang . . . . S. 28
   7.1 Tauchkörper-Aufmaße . . . . S. 28
   7.2 Tauchkörper-Verdrängung und -Oberfläche . . . . S. 29

1. Einführung

Der Gesamtwiderstand eines als Verdrängungsfahrzeug betriebenen Schiffes enthält einen nicht unerheblichen, durch Oberflächenwellen erzeugten Anteil. Sowohl für die Grundsatzforschung als auch für den technischen Fortschritt ist es wichtig, die Teilwiderstände und ihre gegenseitige Beeinflussung theoretisch zu analysieren und praktisch zu messen. Einschlägige Literatur ist kaum vorhanden. Zwecks meßtechnischer Eliminierung des Wellenwiderstandes ist 1924, auf Grund eines Vorschlags von H. FÖTTINGER [1], ein sich mit den Decksflächen berührendes Doppelschiffsmodell von G. KEMPF [1] unter Wasser geschleppt worden. Zur Herabsetzung des Wellenwiderstandes und damit der Antriebsleistung bietet sich aus diesen Erwägungen eine technische Lösung an (W. STURTZEL [2]), bei der sich der Hauptverdrängungskörper im Reisezustand unter der Wasseroberfläche bewegt und nur lediglich der Navigation oder dem Personenverkehr dienende Fahrzeugteile mittels Verbindungselementen ober- und außerhalb der Wasseroberfläche getragen werden. Die vorliegende Untersuchung befaßt sich mit einem derartigen Modell, um Anhaltspunkte für optimale Betriebszustände und allgemeine Entwicklungstendenzen zu erhalten.

2. Planung der Versuche

	konstant	veränderlich	Werte
Kanal	1.) breiter Tank mit schwimmendem Strand Wasserhöhe 2.) schmaler Tank ohne Strand Wasserhöhe		L = 145 m B_T = 9,8 m Hw = 0,97 m L = 60 m B_T = 3 m Hw = 2,5 m
Modell	Drehkörper Verbindung mit Überwasserkörper a) 2 Blechbänder b) 2 kurze Holzstreben c) 2 lange Holzstreben	Tiefgang unter Wasseroberfläche bei	L = 2 m D = 160 m X/L = 0,28 - 0,58 D = konst. Nasenradius ϱ = 9,6 mm Aufmaße s.S. Verdrängung und Oberfläche s.S.29
Turbulenz-erzeuger	zwei 1 cm breite Sandstreifen am Drehkörper ein Sandstreifen 1.) an den Streben 2.) an den Flossen		Korngröße 1 mm X/L = 0,06 u. 0,25 X/L bei $(d/L)_{max}$
Anhänge	2 senkrechte Tandem-Streben 2 Flossenstummel vorn u. achtern 1 Kiel zur Ballastaufnahme 1 Ruder hinter Kiel (feststehend)		α = 0° β = 0°
Tiefgänge	bez. auf Körpermitte T/D = 1,41; 1,78; 1,97; 2,35; 2,72; 3,0	6	Körperoberkante (absolut) Tg = 145, 205, 235, 295, 355, 400 mm

	konstant	veränderlich	Werte
Widerstandsfahrten Aufhängung 1.) 2 Pendel oberhalb des Wassers 2.) Parallelführung mittels waager. Stange	Messung mittels Biegeelement, Dehnungsmeßstreifen, Sefram-Schreiber	Geschwindigkeit	$v = 0{,}5 - 2{,}7$ m/s Auswertung der Sefram-Streifen
Propulsionsorgan	1 Schraubenpropeller an der Heckspitze		$z = 3$ rechtsdrehend $D = 120$ mm $H/D = 1{,}148$ $Fa/F = 0{,}56$
Antrieb	Winkeltrieb durch achtere Strebe; E-Motor außerhalb des Modells		
Aufhängung	1.) von Bugspitze waagerechte Stange zur vorderen Gelenkgabel mit Meßelement für Widerstand 2.) vom Kiel eine gebogene Hacke zur achteren Gelenkstange.		
Propulsions-Meßfahrten	Schubmessung mittels Biegeelement an der Schwanzwelle im Körper. Drehmomentenmessung mittels Drehfeder am Pendelgerät außerhalb des Körpers.		Auswertung der Sefram-Streifen

3. Durchführung der Versuche

3.1 Modell

Die zu den vorhandenen Tank-Abmessungen und -Wasserhöhen passende Modellgröße wurde auf L = 2 m bestimmt. Das Modell wurde mit Rücksicht auf kostensparende Bauweise einer möglichen Großausführung mit einem zwischen X/L = 0,28 und 0,58 liegenden parallelen Mittelschiff (Abb. 1)[*] versehen und als Drehkörper entworfen. Die für Stabilität und Stabilisierung notwendigen Anhänge wurden mitausgeführt. Vor- und Hinterschiff des Modells wurden aus Teakholz in zwei in Längsebene zusammengesetzten Hälften gedreht, die zur Aufnahme des Winkelbetriebes und des Meßelementes vorbereitet wurden. Ein Plexiglasfenster erlaubte die Kontrolle der Mechanik wie auch etwa eindringenden Leckwassers, das mittels eines Rohres nach oben abgesaugt werden konnte. Zwecks erleichterten Justierens des Modells beim Schleppen wurde auf der Körperoberkante eine Libelle eingelassen. Von den die Wasseroberfläche durchstoßenden Tandemstreben wurde je ein Satz für die kleineren und die großen Tiefgänge vorgesehen. Im Wasserlinienschnitt erhielten sie Spiegelhinterkanten und größere waagerechte Länge als am Körperansatzpunkt. Der Kiel wurde mit Blei soweit beschwert, daß das Gewicht des Gesamtmodells seiner Verdrängung entsprach und keine statischen Kräfte erzeugte.

3.2 Modellaufhängung und Meßverfahren

Um den Interferenzwiderstand der Gesamtanordnung kennenzulernen, war es wünschenswert, auch den Körper für sich ohne Streben zu messen. Die Erprobung einer zufriedenstellenden Vorrichtung gelang erst nach dem dritten Versuch. Die erste Schleppvorrichtung (Abb. 2), bei der das Modell zwischen zwei freifahrenden etwa 4 m voneinander entfernten Streben von einem über 4 Rollen umlaufenden, endlosen Faden gezogen wurde, zeigte zuviel Reibung. Außerdem konnte dabei nicht der freien Vertrimmung des Modells entgegengesteuert werden. Die zweite Vorrichtung bestand aus zwei dünnen Stahlbändern (Abb. 2), die an den Befestigungspunkten der vorgesehenen Holzstreben anstelle dieser angriffen. Bis zu mittleren Geschwindigkeiten ließ sich beim Driftwinkel $0°$ das Modell auf diese Weise führen. Es scherte dann aber bei Steigerung der Meßgeschwindigkeit plötzlich aus. Zusätzlich angebrachte, für den Widerstand kraftlose Querfäden, die oberhalb des Wasserspiegels die

---

[*] Sämtliche Abbildungen befinden sich im Anhang

Blechstützen abfingen, konnten das Ausscheren auch nicht aufhalten. Am einwandfreiesten war die dritte Vorrichtung (Abb. 2). An den metallischen Bug- und Heckspitzen wurden je eine 1/2 m lange 6-mm-∅-Rundstange waagerecht angebracht, die mit Federgelenk vorn an einer Gabelstütze und hinten an einer einfachen Stütze angeschlossen waren. Die vordere Gabelstütze belastete außerhalb des Wassers das Biegeelement und diente somit der Widerstansermittlung. Für die Propulsionsmessungen wurde die hintere Rundstange als Hacke um die Propellerebene zum Kiel (Abb. 2) geführt. Der Widerstand des mit Holzstreben versehenen Modells wurde auf zweierlei Art gemessen. Beim ersten Verfahren hingen die Stützen an zwei Pendelstangen, die mit Federgelenken ausgestattet waren. Das auf elektrischer Messung beruhende Gerät ist dasselbe, wie in [11] verwendete. Für höhere Geschwindigkeiten war es notwendig, das Modell an den Flossenstummeln mit dünner Meßlitze schräg nach oben quer abzufangen. Beim zweiten Verfahren wurde die oben bereits beschriebene Parallelführung benutzt, bei der sich eine Gabel- und eine Einfachstütze sowie eine längsangeströmte Stange im Wasser befanden. Zur Messung diente ein von der Gabelstütze außerhalb des Wassers belastetes Biegeelement.

3.3 Auswertung

Da die Seframmeßstreifen direkt ausgewertet werden konnten, erübrigten sich besondere Protokolle.

4. Ergebnisse

Bei den bisher in der Literatur erwähnten Widerstandsmessungen an vollumströmten Rotationskörpern ist deren Halterung senkrecht nach oben geführt und zur Eliminierung des dadurch hervorgerufenen Zusatzwiderstandes entweder umkleidet [3] oder getrennt vom Körper [4] für sich gemessen worden. In beiden Fällen ist der Beeinflussungswiderstand zwischen Körper und Halterung nicht heraustrennbar. Deshalb ist hier der Versuch gemacht worden, den Widerstand ohne Stützen im unmittelbaren Strömungsfeld des Rotationskörper zu ermitteln, um deren Einflußwiderstand auszuschalten. Die Meßhalterung ist möglichst weit vom Modell entfernt und der Körper von zwei Stäben in Verlängerung seiner Längsachse geführt worden (Abb. 2).

4.1 Widerstand des Tauchkörpers ohne Stützen

Die Widerstandskurven des Körpers ohne Stützen (Abb. 3) haben einen ziemlich stetigen Anstieg und entsprechen etwa der quadratischen Abhängigkeit von der Geschwindigkeit. Die auf zwei Tiefgängen gemessenen Widerstände schneiden sich bei $f \sim 0,45$. Soweit in dem untersuchten Tiefgangsbereich von 235 bis 400 mm bezogen auf Oberkante Körper (etwa 2 bis 3 D bezogen auf Mitte Körper) eine Tendenz erkennbar ist, hat es den Anschein, als ob bei kleineren Geschwindigkeiten bis zur FROUDEschen Zahl von etwa $f = 0,45$ der kleinere Tiefgang auch den kleineren Widerstand zur Folge hat, während bei darüberliegenden Geschwindigkeiten das umgekehrte Verhältnis wirksam wird. In der theoretischen Behandlung der Kräfte an einem getauchten Ellipsoid (Abb. 4) von C. WIGLEY [5] tritt an der gleichen Geschwindigkeitsschwelle ein deutlicher Vorzeichenwechsel im Anstieg der Vertikalkräfte auf. Der Auftrieb bei kleinen Geschwindigkeiten verwandelt sich in Abtrieb. Diese richtungswechselnden Querkräfte legen den Vergleich des Rotationskörpers mit einem Flügel sehr kleiner Spannweite nahe. Für das driftende Schiff, dessen zur Strömung quergerichtete Ausdehnung größer ist, ist in [6] an Hand der Strömungserscheinungen bereits der Vergleich mit den von einem Tragflügel erzeugten Wirbelfäden gezogen worden. Das geradeausfahrende Schiff stellt somit den Grenzfall verschwindenden Driftwinkels dar. Auftrieb an einem symmetrischen, nicht angestellten Profil muß aber von einer Zirkulation hervorgerufen werden, die sich oberhalb des Profils zur Translationsströmung (Abb. 5) addiert und unterhalb subtrahiert. Über der größten "Profil"-Dicke liegt demnach ein Wellental, während sich bei größeren Geschwindigkeiten die Wellenzahl auf Körperlänge verkleinert und das Tal zum Heck verlagert. Dabei wird der Wellenberg der Bugwelle ebenfalls zurückverlagert und ist durch die entstehende Anströmverzögerung mit einer umgekehrten Zirkulation verbunden. Es ist klar, daß besonders bei kleinen Tiefgängen eine der profilabhängigen Übergeschwindigkeit entgegenkommende Oberflächenverformung der Flüssigkeit zur Verminderung und eine ihr entgegenwirkende zur Vergrößerung des Widerstandes führen muß.

Untersucht man den Anstieg der Widerstandskurven genauer und errechnet den Geschwindigkeitsexponenten, mit dem der Widerstand über der Geschwindigkeit wächst (Abb. 6), so stellt man einen leichten Anstieg von etwa n = 1,7 auf 1,85 fest. Der Geschwindigkeitsanstieg ist also tatsächlich kleiner als bei einem Überwasserschiff. Die Größenordnung des Exponenten entspricht dem FROUDEschen Wert für den Reibungswiderstand von n = 1,825. In der früheren Untersuchung [7] ist bereits für die eingetauchte senkrechte Platte, die nur geringfügige Oberflächenwellen aufweist, ein gleich niedriger Geschwindigkeitsexponent (Abb. 7) gefunden worden, während die gleichzeitig ermittelten maximalen Exponenten für den Widerstand von Flachwasserschiffen je nach Wasserhöhe zwischen 10 und 2,7 liegen.

4.2 Widerstand mit Stützen

Der Widerstand des getauchten Körpers mit kurzen Holzstützen (Abb. 8) hat einen bedeutend ungleichmäßigeren Verlauf als der des Körpers allein. Bei sehr kleinen Geschwindigkeiten bis f = 0,25 scheint durch Tiefgangsveränderungen kaum ein Unterschied im Widerstand erzielbar zu sein. Dagegen sind zwischen den FROUDEschen Zahlen von f = 0,25 und 0,45 größere Unterschiede und eine starke Interferenz zwischen Stützen und Körper durch heftige Kurvenschwankungen feststellbar. Der größere Widerstand ist vermutlich eine Folge der dem Tiefgang entsprechenden größeren benetzten Stützenoberfläche.

Die Geschwindigkeitspotenzen (Abb. 9) erreichen bei FROUDEschen Zahlen von $f \sim$ 0,24 Maximalwerte von n = 2,8 und klingen erst bei $f \sim$ 0,5 auf gleichmäßige Werte ab. Sie schwanken oberhalb f = 0,5 um 0,2 und liegen um n = 2. Durch die von den Stützen hervorgerufenen Wellen liegen die Exponenten um etwa n = 0,2 höher als für den völlig getauchten Körper. Vergleicht man andererseits die Exponenten mit denen des auf unbeschränktem Wasser fahrenden Überwasserschiffes [8], so ist das Unterwasserschiff um Δn = 0,5 bis 0,7 günstiger im Widerstandsanstieg als das Überwasserschiff.

Wenn man von der stellenweisen Unterschreitung des Quadratgesetzes bei dem kleinsten Tiefgang absieht, so läßt sich eine Normalisierung des Exponenten auf n = 2 bei derjenigen Geschwindigkeit feststellen, für die die FROUDEsche Zahl mit der Bezugslänge der Tandemstützenanordnung $f_{St} \sim$ 0,42 wird, und somit sich an den Stützen eine Halbwelle ($L_w = \lambda/2$) abzeichnet. Die vordere Stütze wirft außer der normalen Bugwelle einen Film auf, der bis zu beträchtlicher Höhe an der Stütze haftet. Bei größeren Geschwindigkeiten ($f_{St} \sim$ 0,6) wird die geringere Benetzung der hinteren Stütze deutlich sichtbar. Bei diesen Geschwindigkeiten bestehen kaum noch Unterschiede zwischen den Widerstandskurven verschiedener Tiefgänge. Der Grund hierfür ist vielleicht in geringeren Reibungskräften des benetzenden Wasserfilms zu suchen.

Der hohe Wasserfilm an der vorderen Stütze hat die vorgeplanten Tiefgänge eingeschränkt und es notwendig werden lassen, ein zweites, längeres Stützenpaar zu verwenden. Die damit vorgenommenen Versuche ähneln den beschriebenen. Die Widerstandskurven (Abb. 10) für verschiedene Tiefgänge sind bis zu FROUDEschen Zahlen von etwa $f \sim 0,22$ eng gebündelt. Erst bei darüberliegenden Geschwindigkeiten fächern sie auseinander, wobei von $f \sim 0,24$ ein fast paralleler Verlauf einsetzt. Eine stärkere Widerstandszunahme bei gleichbleibender Geschwindigkeit setzt erst bei Tiefgängen oberhalb 235 mm (T/d = 1,97) ein. Verfolgt man den Widerstandsverlauf für eine konstante Geschwindigkeit, beispielsweise v = 2,4 m/s (Abb. 11), in Abhängigkeit vom Tiefgangsverhältnis, so scheint der Zuwachs bis zu Tiefgängen von T/d $\sim$ 2 noch tragbar, darüber hinaus aber schon stark unwirtschaftlich zu sein.

Die Geschwindigkeitsexponenten (Abb. 9) haben bei kleineren FROUDEschen Zahlen eine schwankende Tendenz mit Höchstwerten von etwa n = 3,3. Gleichbleibende Werte n treten oberhalb FROUDEscher Zahlen $f \sim 0,42$, bezogen auf die Länge der Tandem-Stützenanordnung im Wasserlinienschnitt, bei den kleineren Tiefgängen und, auf Körperlänge bezogen, bei den größeren Tiefgängen auf. Es scheint dafür die Ausbildung einer Halbwelle sowohl an den Stützen als auch am Körper maßgebend zu sein. Die Exponenten für große Geschwindigkeiten sind umgekehrt dem zugehörigen Tiefgang gestuft und nehmen infolge des größeren Tiefganges den Bereich zwischen n = 2,3 und 2,0 ein.

Aufschlußreich ist ein Vergleich zwischen den Widerstandskurven des Körpers mit den Holzstützen und denen mit bei der zweiten Versuchsanordnung erprobten Blechbandstützen (Abb. 12), deren Oberflächenwellen so gering sind, daß sie kaum eine Interferenz mit dem Wellenbild des Körpers ergeben. Der Gesamtwiderstandsanstieg ist gleichmäßiger und weist keine Erhöhungen bei $f_T = 0,3$ auf. Die tiefgangsgebundenen Widerstandsunterschiede bei Geschwindigkeiten oberhalb $f_T = 0,4$ sind für die Blechstützen sehr viel kleiner als für die Holzstützen. Wie bereits im Absatz 3.2 erwähnt, ist die Fahrstabilität dieser Aufhängung auf gewisse mittlere Geschwindigkeiten begrenzt. Die mögliche Grenzgeschwindigkeit ohne seitliches Ausgieren des Körpers liegt um so niedriger, je höher das Tiefgangsverhältnis ist. Bei den Messungen von

K.H. POHL[1] [4] ist das Modell ebenfalls bei v = 2 m/s ausgebrochen, trotzdem es von Stützen mit symmetrischen Kreissegmentprofil aus längsverschweißtem Stahlblech gehaltert gewesen ist. POHL vermutet als Ursache eine der Schweißausführung anhaftende mangelnde Symmetrie. Dieses Argument kann für die hier verwendeten Blechbänder nicht zutreffen. Da aber eine Tiefgangsabhängigkeit vorliegt, dürften als Ursache eher die die Streben auf Knickung belastenden vertikalen Strömungsquerkräfte anzusehen sein. Die Widerstandskurven des Tauchkörpers mit Blechstützen verlaufen bei größeren Geschwindigkeiten in der Mitte des Bereichs (Abb. 3 und 10), den sie bei Holzstützen aufweisen, so daß zu folgern wäre, kleine Tiefgänge günstiger mit dicken Stützen und größere Tiefgänge oberhalb $T/_D \sim 2,5$ besser mit messerscharfen Stützen zu fahren. Da bei Fischen im allgemeinen das Verhältnis der Körperhöhe zur Körperbreite im Bereich 1,5 bis 2,5 liegt, könnte man folgern, daß die Formgebung geeignet ist, der Widerstandserhöhung bei Annäherung an die Wasseroberfläche wirksam zu begegnen.

Die Geschwindigkeitsexponenten des Tauchkörpers mit dünnen Blechstützen zeigen (Abb. 6) entsprechend dem Oberflächenbild ein Abklingen von den höheren n-Werten schon bei FROUDEschen Zahlen von $f \sim 0,25$, wo sich am Oberflächenschiff vier Halbwellen ausbilden. Die tiefgangsgebundenen Unterschiede zwischen den Exponenten sind bei $f > 0,5$ mit $\Delta n = 0,7$ größer als bei Vorhandensein von den dicken Holzstützen. Betrachtet man nun für ein Tiefgangsverhältnis von T/d = 1,97 die Widerstände des Körpers mit und ohne Stützen (Abb. 3, 10 und 13) zusammen, so ist deutlich die stärkste Annäherung der Widerstandskurven mit und ohne Stützen aneinander bei einer FROUDEschen Zahl um $f_T = 0,375$ festzustellen. Bei dieser Geschwindigkeit ist der günstigste Betriebspunkt für eine technische Großausführung zu suchen.

Um Einblick in das Strömungsverhalten der Tandem-Stützenanordnung zu bekommen, ist für die Tiefgangsverhältnisse T/d = 2,35 und 2,72 der Körper nur mit der hinteren Holzstütze (Abb. 14) gefahren worden. Anstelle der vorderen Stütze sind dabei zwei schmale Blechbänder, die senkrecht zu den Enden der vorderen Flossenstummel führen, verwendet worden. Auch diese Anordnung ist nur wieder bis zu einer Geschwindigkeit v = 2,2 m/s ($f \sim 0,5$) meßbar gewesen, da bei weiterer Geschwindig-

---

1. [4] noch nicht veröffentlicht. Die Berichte sind vom Leiter der Forschungsabteilung der HSVA, Herrn Privatdozent Dr.-Ing. O. GRIM zur Verfügung gestellt worden, wofür ihm der Verfasser an dieser Stelle besonders danken möchte

keitssteigerung ein plötzliches Ausgieren des Körpers nicht zu verhindern gewesen ist, was ebenfalls auf Knickbeanspruchung der Blechstützen hindeutet. Die Widerstandskurve verläuft bei kleineren Geschwindigkeiten zwischen denen für zwei Holzstützen einerseits und zwei Blechstützen andererseits. Oberhalb $f = 0,375$ wird der Widerstand des Körpers mit nur hinterer Holzstütze ungünstiger als der der Tandemanordnung.

Für einen Tiefgang von $T/d = 1,41$ ist der Einfluß der Spiegelhinterkante der Holzstreben (Abb. 15) auf den Widerstand gemessen worden. Im ganzen Geschwindigkeitsbereich verschlechtert die stumpfe Strebenhinterkante den Widerstand um etwa 170 gr. Man kann also durch scharfauslaufende Strebenprofile so viel an Widerstand gewinnen, wie etwa durch einen um $T/d \sim 0,3$ geringeren Tiefgang.

Das Oberflächenwellenbild könnte den Gedanken aufkommen lassen, daß mit einer Vertrimmung des Modells Widerstandsgewinne zu erzielen sind. Soweit es für den Tiefgang von $T/d = 2,35$ bei größeren Geschwindigkeiten (Abb. 15) untersucht worden ist, scheint eine hecklastige Vertrimmung von $\alpha \sim 1,3°$ einen geringfügigen Widerstandsabfall einzubringen. Die stetigen Änderungen der Anströmrichtung innerhalb der Oberflächenwellen dürften den Nutzen einer etwa möglichen Aussteuerung solcher Effekte zunichte machen.

4.3 Einfluß der Strömungsverteilung

Von besonderem Einfluß auf die unterschiedliche Widerstandsverhalten scheint die Strömungsverteilung um den getauchten Körper zu sein. Bereits in [8] ist ein Vergleich zwischen den Strömungen durch einen breiten, aber flachen Kanal und durch einen schmalen, aber tiefen Kanal (Abb. 16) gezogen worden. Eine in Strömungsquerebene zunehmende Wandkrümmung hat eine etwa gleich starke Krümmungsveränderung der nächstliegenden Isotachen zur Folge. Betrachtet man die für die Schubspannung

$$\tau = \nu \cdot \frac{\gamma}{g} \cdot \frac{dv}{dn}$$

ν die kinematische Zähigkeit

n die Normalenrichtung

maßgebende Ableitung der Geschwindigkeit nach der Normalen $\frac{dv}{dn}$ längs der Wand eines Kanalquerschnitts, so nimmt sie in den Kanalecken ab, um an den anschließenden Wänden größer zu werden. Solche Veränderungen sind in einer reinen Translationsströmung nicht denkbar, es sei denn, wie PRANDTL [9] bereits argumentiert hat, daß ihr eine sekundäre Zirkulationsströmung überlagert ist, deren Drehachse in die Fortschrittsrichtung der Translationsströmung fällt. Nach den Beobachtungen ist eine solche Sekundärströmung innerhalb des Mediums zu den Kanalecken hin und an den Oberflächen sowie an den Wandungen von den Ecken wegweisend gerichtet. Wenn die Überlegung und die Beobachtungen für Ecken konkav gekrümmter aneinanderstoßender Wände gelten, dann müßten sie im gleichen Maße auch für Ecken konvex gekrümmter aneinanderstoßender Wände zutreffend sein, so daß man sich auch an Schiffsoberflächen die Entstehung parallel zur Körperlängsachse verlaufender Wirbel denken kann. Die Stärke der Zirkulation kann in 1. Näherung sicherlich proportional der Oberflächenkrümmung längs Spantumfang angenommen werden. Wie von W. MÖCKEL in [10] beschrieben, sind solche Wirbel - besonders an völligen Schiffen - tatsächlich auch beobachtet worden. Für die Gegenüberstellung eines Überwasser- mit einem Unterwasserschiff wird infolgedessen die Kenntnis des Isotachenverlaufs wichtig sein. MÖCKEL stellt in [10] weiter fest, daß sich gerade solche Schiffe, an denen derartige Wirbelablösungen zu beobachten sind, durch unbefriedigende Manövriereigenschaften von den übrigen abheben. Die Erklärung dafür dürfte in dem schwankenden Wirbelwiderstand und -moment gegeben sein, da die entstehenden Wirbelfäden keinen eindeutigen Ablösepunkt an der Schiffsoberfläche finden. Man kann statistisch nachweisen, daß alle Flossenansätze bei Fischen an den Querschnittsstellen zu finden sind, bei denen der Krümmungsradius der Kontur ein Minimum (Abb. 7) aufweist. Im besonderen Maße findet man feststehende Flossen hinter der größten Körperhöhe bzw. -dicke. Dabei scheint neben anderen Steuer- und Bewegungsaufgaben Zweck der Flossen zu sein, die unvermeidlichen Wirbel und ihre Ablösestelle örtlich genau festzulegen, und zwar zu den in Strömungsquerebene außen liegenden Flossenspitzen. Auch erinnern diese Beobachtungen an die Erfahrungen mit Überschallflugkörpern. Bei ihnen werden günstige Strömungsverhältnisse erzielt, wenn an Stellen der Flügelrumpfdurchdringung der Rumpfquerschnitt etwa in dem Maße des hinzukommenden Flügelquerschnitts (in Strömungsquerebene!) verkleinert wird. Da eine Konstanthaltung der Querschnittsfläche über die Gesamtlänge eines Stromlinienkörpers sich nicht verwirklichen läßt, dürfte in die optimale Formgebung das Verhältnis von Querschnittsinhalt zu -umfang hineinspielen. Dieses Verhältnis ist aber nichts anderes als der hydraulische Radius, der bei der Durchströmung von Hohlprofilen als Parameter eine wesentliche Rolle spielt. Obgleich sich die eben durchgeführten Betrachtungen auf Umströmung von Körpern beziehen, dürfte der hydraulische Radius auch hier einen maßgebenden Einfluß ausüben, wodurch die oben vertretene Auffassung an Realität gewinnt, daß auch an konvexen Wandkrümmungen sekundäre Zirkulationsströmungen entstehen, deren Drehachse in Richtung der Translationsströmung liegt.

4.4 Betrachtung der Absolutströmung

Die Absolutströmung um ein symmetrisches Profil in zweidimensionaler Strömung bildet wie die Absolutströmung einer fortschreitenden Oberflächenwelle zwischen zwei senkrechten Stromlinien bogenförmige, zur Körper- bzw. Wasseroberfläche zurückkehrende Linien. Ganz ähnlich ist auch der Verlauf der Linien gleicher Geschwindigkeitsgröße (Abb. 17). Geht man zur dreidimensionalen Strömung um ein Rotationsellipsoid über (Abb. 18) und verfolgt in der Strömungsquerebene den zeitlichen Ablauf eines Stromfadens der Absolutströmung, so erhält man für gleiche Zeitabschnitte konzentrische Kreise, deren Radien sich vergrößern und wieder verkleinern. Die Weg-Zeit-Funktion ist also ein von Körpermitte ausgehendes Strahlenbüschel. Bewegt sich nun der Körper in der Nähe der Mediumgrenze, so müssen die zur Grenze weisenden Strahlen in Anpassung an den Verlauf der Grenze abgekrümmt sein. Man erhält damit das Potentialfeld eines gleichdrehenden Wirbelpaares (Abb. 18), von dem sich nur der eine Wirbel im Medium befindet.

Erhält nun der Körper die Wasseroberfläche senkrecht durchstoßende Stützen, so müssen deren Weg-Zeit-Funktionen der Absolutströmung waagerechte Linien (Abb. 19) sein, deren Länge durch die Überlagerung mit der Körperumströmung dreieckförmig begrenzt ist. Die Stützenumströmung verdrängt die Körperumströmung zusätzlich und sorgt dafür, daß die Stromlinien des Körpers nicht so scharf zur Wasseroberfläche gekrümmt sind. Es entsteht ein Stromlinienbild, das einer Verlagerung des stützenlosen Körpers in größere Tauchtiefen entspricht. Dieses Ergebnis deckt sich mit den Messungen, bei denen der Widerstand des durch Blechstützen gehaltenen Körpers bei größerem Tiefgang dem des stützenbehafteten mit kleinerem Tiefgang gleicht. Da das Widerstandsverhalten die gleiche Tendenz wie das Potentialfeld hat, ist die Annahme nicht von der Hand zu weisen, daß der charakterisierende Widerstand ein durch die Wasseroberfläche induzierter ist. Die Weg-Zeit-Funktionen der Absolutströmung sind bisher in der Strömungsquerebene untersucht worden. Die Symmetrie des betrachteten Rotationsellipsoids läßt zu, das gleiche Potentialfeld in den die Körperlängsachse aufnehmenden Strömungsebenen (Abb. 17) vorauszusetzen. Diese Annahme wird durch die in 4.1 angezogenen theoretisch von WIGLEY ermittelten Vertikalkräfte gestützt, da ein symmetrisches ohne Anstellwinkel angeströmtes Profil nur Querkräfte erfahren kann, wenn durch irgendwelche Strömungseigenschaften zusätzlich eine Zirkulation überlagert wird. Das Potentialfeld dieses Profils ist wieder vergleichbar mit dem des angeströmten rotierenden Zylinders (Abb. 19) für den Fall sehr großer Rotationsgeschwindigkeit gegenüber der Translationsgeschwindigkeit. Legt man durch den Schnittpunkt der einen sich kreuzenden Potentiallinie eine waagerechte Ebene, so erhält man in dem unterhalb der Ebene verbleibenden Potentialfeld fast das Bild des einen Wirbels eines gleichdrehenden Wirbelpaares (Abb. 18), so daß die Übertragbarkeit des Strömungsbildes in die Strömungslängsebene möglich erscheint.

4.5 Vergleich mit dem Doppeldecker

Sowohl das in 4.4 hergeleitete Potentialfeld eines gleichdrehenden Wirbelpaares als auch der mit größer werdendem Tiefgang abnehmende Widerstand legen den Vergleich des hier untersuchten, dicht unter der Wasseroberfläche fahrenden Tauchkörpers mit der unteren Tragfläche eines Doppeldeckers (Abb. 18) nahe. 1.) hat die Zirkulation um beide Tragflächen des Doppeldeckers gleichen Drehsinn und 2.) nimmt der induzierte Widerstand des Doppeldeckers (Abb. 20) mit zunehmendem Abstand der beiden Flächen voneinander ab. Die Wasseroberfläche ist als Spiegelebene der Potentiallinien (Abb. 18) (nicht aber des Wirbeldrehsinns) für einen zweiten, in der Natur nicht bestehenden Wirbel aufzufassen.

Einen maßgebenden Einfluß auf das Widerstandsverhalten des Körpers scheint die Verformbarkeit der Mediumgrenze auszuüben. Die Druckempfindlichkeit der Wasseroberfläche ist sicher auch der Grund für die nach dem Widerstandsverlauf vermutete und aus den theoretischen Ableitungen resultierende Umkehr der Zirkulation bei steigender Anströmgeschwindigkeit. Für die technische Anwendung wäre zu untersuchen, wie weit Widerstandsverbesserungen durch eine gewölbte Körperachse und damit gänzlicher oder teilweiser Unterbindung induzierten Widerstand erzeugender Zirkulation möglich und wirtschaftlich interessant sind.

4.6 Gegenüberstellung zu dem Bodeneffekt

Nach diesen Erwägungen drängt sich die Frage auf, warum nicht der Tauchkörper, wenn schon eine Zirkulationsströmung an ihm festgestellt worden ist, mit dem Bodeneffekt des landenden bzw. startenden Flugzeuges

(Abb. 20) vergleichbar ist, bei dem mit Annäherung an den Boden als
Mediumgrenze der induzierte Widerstand kleiner wird.

$$c_{w_i} = (1-\sigma)\frac{c_a^2 \cdot F}{\pi \cdot b^2};$$

c_{w_i} Beiwert des induzierten Widerstands
σ Parameter
c_a Auftriebsbeiwert
F Flügelfläche
b Spannweite

Für das landende Flugzeug gilt offensichtlich das Potentialfeld eines gegenläufigen Doppelwirbels [8] (Abb. 11), wobei der Boden die Spiegelebene darstellt und sowohl Potentiallinien als auch den Drehsinn des Wirbels spiegelt. Der wesentlichste Unterschied gegenüber dem Doppeldeckerfeld scheint die nicht verformbare Mediumgrenze zu sein. Der hinter dem landenden Flügel durch die Zirkulation enststehende Abwind (Abb. 21) kann bei Annäherung an den Boden, weil der Boden eine vom Medium nicht verformbare Grenze ist, nicht den zirkulationstheoretisch begründeten Winkel zur Bahnlinie des Flügels einnehmen. Der Abwindwinkel des Nachstroms wird vom Boden auf kleinere Werte gezwungen und verkleinert rückwirkend dabei auch den induzierten Widerstand.

Aus der Betrachtung des Bodeneffektes ergibt sich für Annäherung zweier gegenläufiger Wirbel aneinander eine Verkleinerung des induzierten Widerstandes, und aus der Betrachtung des Doppeldeckers bzw. des Tauchkörpers läßt sich eine Vergrößerung des induzierten Widerstandes für sich nähernde gleichläufige Wirbel ableiten. Der induzierte Widerstand ist sicherlich auch den gegenseitigen Kräften der Wirbel aufeinander proportional. Damit paßt sich das gewonnene Gesamtbild sehr gut in die Untersuchungen von S. FUJIWHARA [1] über das Verhalten von zwei Wirbeln in Wasser ein, die im Anhang von [8] vollständig zitiert ist. In diesem Zusammenhang mag noch eine während der Messungen gewonnene Beobachtung interessant sein. Bei Meßfahrten im schmalen, aber tiefen Tank ist der Tauchkörper in einigen Fällen nach der eigentlichen Meßstrecke in ein Kanalstück geraten, in dem sich etwa 200 mm unter dem Tauchkörper ein Tankzwischenboden aus Betonschwellen befunden hat. Der mehr zufällig abgelesene Widerstand des Tauchkörpers hat über dem Zwischenboden überhaupt keinen Unterschied gegenüber dem auf tiefem Wasser gezeigt. Es scheint sich der induzierte Widerstand des Tauchkörpers bei Annäherung an den Boden auch hier nicht vergrößert zu haben.

4.7 Vergleich mit der Unterwassertragfläche

Die am rotationssymmetrischen Tauchkörper studierte Zirkulation im unteren Geschwindigkeitsbereich ist derjenigen eines Körpers mit nach oben gewölbtem Längsprofil vergleichbar. Sein Verhalten sieht aber anders aus als das einer die Wasseroberfläche schräg schneidenden Tragfläche, wie sie an Tragflächenbooten üblich ist. W. SOTTORF [12] hat für die Annäherung an die Wasseroberfläche eine scheinbare Wölbungsverminderung des Tragflächenprofils gemessen. Dementsprechend werden am Tragflächenboot die austauchenden, der Seitenstabilität dienenden vergrößerten Flächenenden mit einer sehr großen Profilwölbung konstruiert. Die Erscheinung beruht nach F. WEINIG [13] darauf, daß die Mediumgrenze die über dem Profil befindliche Sogspitze je nach Annäherung des Profils mehr oder weniger abschneidet. Das symmetrische Profil des Tauchkörpers hat bei voller Umströmung zunächst eine symmetrische Druckverteilung. Mit zunehmender Annäherung an die Wasseroberfläche werden aber je nach Oberflächenwellenform einzelne Spitzen der oberen Druckverteilung abgeschnitten, so daß das Gleichgewicht gestört ist und eine positive oder negative Zirkulation einsetzen muß.

Man kann zur Klärung des Vorganges auch die Bodenschwelle in einem Kanal benutzen. Es ist bekannt, daß nach dem BERNOUILLIschen Gesetz [14] der Wasserspiegel über einer Bodenschwelle eine Delle einnimmt. Wenn die Schwelle vom Boden gelöst und als Störkörper in die Nähe der Wasseroberfläche verlagert wird, so wird die Querschnittseinengung auf der Schwellenoberseite infolge der Delle stärker als auf der Unterseite sein. Die der ungestörten in solcher Weise überlagerte Strömung erzeugt also eine Differenz zwischen Körperober- und -unterseite und ist identisch mit einer Zirkulation um den Körper.

4.81 Taucheffekt

Die in der Nähe der Wasseroberfläche am Körper erzeugte Zirkulation und mit ihr der induzierte Widerstand müssen nach Absatz 4.5 mit zunehmender Tauchtiefe abnehmen. Ein damit übereinstimmendes Ergebnis liefert der theoretisch ermittelte Wellenwiderstand von WIGLEY [3]. Trägt man seine Spitzenwerte bei der FROUDEschen Zahl von $f = 0,53$ über dem Tiefgangsverhältnis (Abb. 22) auf, so ergibt sich ein der e-Funktion nahekommendes Abklingen zur Tiefe.

Auch die Druckmessungen von K.H. POHL [4], die mit Anbohrungen an der
Unterseite des Körpers vorgenommen worden sind, enthalten außer dem
zähigkeitsbedingten Druckwiderstand noch den Wellenwiderstand des Tauchkörpers. Ihr tiefgangsabhängiger Verlauf (Abb. 22) paßt sich gut dem
der Werte von WIGLEY an. Wie für die vorliegenden Widerstandsmessungen
ist der Geschwindigkeitsexponent des Widerstandsanstiegs (Abb. 6, 7, 9)
auch für die anderweitig veröffentlichten Messungen ermittelt (Abb. 23)
und über der FROUDEschen Zahl aufgetragen. Die Tiefgangsparameter unter-
scheiden sich zwischen den einzelnen Veröffentlichungen. Um den Einfluß
des Tiefgangs zu sehen, sind auf Abbildung 24 für etwa gleiche FROUDE-
sche Zahlen die Exponenten über der Tiefgangsordinate mit denen der vorliegenden Messungen verglichen worden. Für die mit Stützen gemessenen
Tauchkörper fallen die Exponenten ähnlich wie der Wellenwiderstand mit
größer werdender Tauchtiefe ab. Es ist gut möglich, die mit langen
Stützen am Tauchkörper festgestellten Exponenten zu dem Wert an der
Wasseroberfläche zu extrapolieren, der in [8] für das Oberflächenschiff
auf unbeschränkter Wassertiefe gefunden worden ist. Die älteren Messungen haben etwas niedrigere Exponenten, wofür heute wohl nur noch schwie-
rig eine Erklärung zu finden sein dürfte. Die Verlängerung der gefundenen Kurve zu größeren Tiefgängen führt in schöner Übereinstimmung auf
die in der HSVA [4] gemessenen Werte. Wie bereits in 4.2 erörtert, liegen die Exponenten des Körpers mit Blechstützen bei Annäherung an die
Oberfläche in mäßig wachsendem Abstand höher als die für die Holzstützen.
Als ebenso klare Bestätigung müssen die aus der Veröffentlichung von
AMTSBERG-SCHWANECKE [3] gezogenen Werte angesehen werden. Sie liegen
zwischen den beiden erstgenannten Kurven. Offensichtlich liegt der Einfluß der nicht mit dem Tauchkörper verbundenen Verkleidungen [3] seiner Aufhängung zwischen den Werten von massiven Holz- und körperlosen
Blechstützen. Diese Kurven gehen auch noch den Einfluß einer geringfügigen Änderung des Völligkeitsgrades wieder.

Abweichend von diesen Ergebnissen verhalten sich die Exponenten des
Tauchkörpers ohne Stützen. Ihre Werte sind kleiner und zeigen praktisch
keine Abhängigkeit vom Tiefgang. Da es wahrscheinlich statthaft ist,
sie zu größeren Tiefgängen zu extrapolieren, müßte sich ein Schnittpunkt
der Kurven mit und ohne Stützen bei einem Tiefgangsverhältnis von etwa
$T/d \sim 3,5$ ergeben. Der Widerstandsanstieg des Tauchkörpers bei größer
werdendem Tiefgang wird also mit massiven Stützen günstiger als ohne.
Dagegen ist in 4.2 die Zunahme des Absolutwiderstandes infolge der mit

dem Tiefgang wachsenden Oberflächenreibung dargestellt worden. Die technische Optimallösung wird sich also zwischen beiden Einflußrichtungen bewegen. Sieht man einmal von der besonderen hier gestellten Aufgabe ab und verfolgt einen vollumströmten Körper, so muß nach den Kurventendenzen für eine widerstandssparende Bewegung nahe der Oberfläche eine längliche hochkant stehende Querschnittsform die günstigere sein.

4.82 Anhänge

Der Verwirklichung einer aus den Messungen hergeleiteten optimalen Körperform mit ovalem Querschnitt stehen statische Gesichtspunkte entgegen, die immer einem drehsymmetrischen Grundkörper den Vorzug geben werden. Beiden Forderungen kann durch entsprechend gestaltete Anhänge nachgekommen werden.

Die ovale Form des Querschnitts wird durch den für ausreichende statische Stabilität unbedingt notwendigen Kiel angenähert erreicht. Dieser Kiel dürfte, wenn sich die im Abschnitt 4.3 gezogenen Vergleiche als richtig erweisen sollten, nicht nennenswert aus dem Hauptspantquerschnitt heraustreten, sondern müßte nach vorn und hinten mit gerader Unterkante tangential aus dem zylindrischen Rumpfteil entstehen. Alle Anhänge sind gesondert mit turbulenzerzeugenden Sandstreifen beklebt worden, um vielleicht mögliches maßstabverfälschendes Umschlagen von turbulenter Drehkörperumströmung in laminare Anhangumströmung auf jeden Fall zu vermeiden. Eine Größenänderung der Anhänge bei gleichbleibender Drehkörpergröße ist wegen nicht eliminierbaren Beeinflussungswiderstandes zwischen Anhang und Körper zunächst nicht vorgenommen worden. Es wird für richtig gehalten, die verwickelte Maßstabsfrage von Anhängen mit speziell darauf abgestimmten Modellen gesondert zu behandeln. Durch die am Tauchkörper vorgenommenen Widerstandsversuche war es erst möglich, Betrachtungen über die Umströmungsverhältnisse von sich durchdringenden und in Oberflächennähe befindlichen Einzelkörpern anzustellen. Nach der nun vorliegenden Kenntnis über das Strömungsfeld erscheint eine später anschließende Versuchsserie über den Maßstabseinfluß von Anhängen erfolgversprechend zu sein.

Aus den obengenannten Gründen greifen die auf der Oberseite herausragenden Stützen an den sich nach vorn und hinten verjüngenden Rumpfquerschnitten an. Nach den Ausführungen im Abschnitt 4.2 geht in den noch verbleibenden Wellenwiderstand der Stützen maßgeblich das größte

Längenmaß in der Wasserlinie der Tandemanordnung ein, daher sind diese
Stützen nach vorn bzw. hinten geneigt. Dem Wachsen der Gesamt-Tandem-
länge bis zur größten Körperlänge sind 1. durch den Beeinflussungswiderstand zwischen Körper und Stützen und 2. durch die Statik des Körpers
Grenzen gesetzt. Wegen der Achsensymmetrie des Drehkörperprofils kann
die Ausbildung einer Schulter, wie sie das Oberflächenschiff fast immer aufweist, vermieden werden. Man wird aber eine umfangreichere Ver-
suchssystematik benötigen, um die günstigste Anordnung der Stützen zu
finden. Erwähnenswert ist in diesem Zusammenhang, daß die Probe, nur
mit hinterer Stütze zu fahren, gegenüber der Tandemanordnung negativ
ausgefallen ist. Nach den Messungen ist der Stützenform mit scharfer
Hinterkante im Wasserlinienschnitt gegenüber der Spiegelhinterkante der
Vorzug zu geben. Der Reibungswiderstand der Stützen ist nicht nur wegen
der Größe der benetzten Zusatzfläche ungünstig, sondern außerdem wegen
der Kleinheit der Reynoldschen Zahl, die sich aus der Wasserlinienlänge
der einzelnen Stützen ergibt. Diese Gründe sprechen, wenn nicht kon-
struktive Forderungen dagegen stehen, für minimale Tiefgänge des Tauchkörpers. Man wird den Tiefgang auf die seegangsbedingten Wellenhöhen
beschränken können, womit man ungewolltes Austauchen während der Reise
vermeidet.

So günstig wie die Tandemanordnung bei Anhängen in der senkrechten
Mittschiffsebene ist, so ungünstig scheint sie bei horizontalen Steue-
rungsflächen zu sein, die beispielsweise als Tiefenruder in Frage kom-
men. Im Modellversuch sind bei größeren Geschwindigkeiten Instabili-
täten zu verzeichnen gewesen, die von wechselweisem Eintauchen der hinteren Leitfläche in den Nachlauf der vorderen herzurühren scheinen.
Zur Klärung der Ruderwirksamkeit um die waagerechte und senkrechte Ach-
se müßten gesonderte Versuche angestellt werden.

4.83 Propulsion

Neben den reinen Widerstandsproblemen fordern die Antriebsfragen besondere Aufmerksamkeit. Benutzt man als Antrieb für den Tauchkörper
einen Schraubenpropeller, dessen Nabe von der Heckspitze gebildet wird,
so ist wegen der Drehsymmetrie des Körpers ein besonders gleichmäßiges
Nachstromfeld zu erwarten. Für die Überlagerung des Körperpotential-
feldes mit dem der Schraube werden ähnliche Gesichtspunkte gelten wie
beim Oberflächenschiff. Die für einige Tiefgänge untersuchte Nachstrom-
ziffer (Abb. 25)

$$\psi = \frac{v - v_e}{v}$$

erweist sich für den jeweiligen Tiefgang als praktisch unabhängig von der Modellgeschwindigkeit. Ihre Größe wechselt zwischen den drei Tiefgängen um etwa 4 %, ohne eine klare Tiefgangsabhängigkeit zu zeigen. Vergleichsweise liegt nach der von HECKSCHER [15] für Oberflächenschiffe gefundenen Beziehung der Nachstrom etwa 10 % höher als hier am Tauchkörper festgestellt. Dagegen zeigt die Untersuchung des von der Schraube auf den Körper ausgeübten Sogs

$$\vartheta = \frac{S - W_o}{S}$$

etwa 6 % größere Werte gegenüber der Formel von HECKSCHER für Einschrauber. Der Sog nimmt bei zwei der gemessenen Tiefgänge mit wachsender Modellgeschwindigkeit leicht zu. Zur Verbesserung des Schiffsgütegrades

$$\xi_s = \frac{1-\vartheta}{1-\psi}$$

wird sicherlich der hintere Zuschärfungswinkel des Rotationskörpers verkleinert werden müssen. Die Winkelverkleinerung kann entweder durch eine örtliche Aufdickung in der Gegend der Propellernabe oder durch eine s-förmige Profileinschnürung hinter der größten Körperdicke ähnlich den Überschallprofilen erreicht werden.

5. Zusammenfassung

Eine von W. STURTZEL [2] 1934 gefundene Lösung zur Herabsetzung des Schiffswiderstandes durch Verringerung des Formwiderstandes wird am Schleppmodell untersucht. Da die heutige Entwicklung zu übergroßen Schiffseinheiten mehrfach den Gedanken hat aufkommen lassen, die Verdrängungen vorzugsweise in einen Tauchkörper zu verlegen, kommt dieser Lösung gegenwärtig eine akute Bedeutung zu. Die Dringlichkeit, den Erfindungsgedanken mittels eingehender Messungen zur Konstruktionsreife zu bringen, wird durch gleichzeitig in den USA laufende Modellmessungen [16] unterstrichen.

Durch eingehende Widerstandsmessungen bei verschiedenen Tiefgängen wird der optimale Geschwindigkeits- und Tiefgangsbereich eines halbgetauchten Körpers für Geradeausfahrt ermittelt und zur Verminderung des Reibungswiderstandes an den Stützen ein kleiner Tiefgang des Körpers als empfehlenswert erkannt. Die gegenseitige Beeinflussung zwischen Körper und den notwendigen Anhängen wird mit Rücksicht auf eine günstige Gestaltung und Gesamtanordnung geprüft. Erste Ergebnisse von Propulsionsmessungen haben nicht den erwarteten Schiffsgütegrad geliefert. Als wirksame Verbesserung kann eine Verringerung des Zuschärfungswinkels im Bereich der Propellernabe angesehen werden. In einer ausführlichen Vergleichsbetrachtung werden die Widerstandsergebnisse mit Strömungserscheinungen der Aerodynamik erklärt. Die Messungen lassen bei voller Ausnutzung der anordnungsbedingten Widerstands-Gewinne im erstrebten Geschwindigkeitsbereich eine Überlegenheit gegenüber herkömmlichen Schiffsformen erwarten. Deshalb sollten systematische Versuche zur Klärung der Antriebs-, Stabilitäts- und Manövrierprobleme baldmöglichst folgen.

Für die Vorbereitung, Durchführung und Auswertung eines großen Teils der Versuche möchte der Verfasser Herrn Dipl.-Ing. Jürgen Willen danken.

                                              Dipl.-Ing. Hermann SCHMIDT-STIEBITZ

6. Literaturverzeichnis

[1] FÖTTINGER, H. — Fortschritte der Strömungslehre im Maschinenbau und Schiffbau. STG-Jahrbuch Bd. 25, S. 325

KEMPF, G. — in der Diskussion dazu S. 343

[2] STURTZEL, W. — Wasserfahrzeug. Patent Kl. 65 a^1 .10 Nr. 590270. Schiffbau 35 (1934) Nr. 6, S. 95

[3] AMTSBERG, H. und H. SCHWANECKE — Über Widerstands- und Druckmessungen an getauchten Rotationskörpern. Schiffstechnik (1958) Nr. 28, S. 131

[4] POHL, K.H. — Der Formeinfluß von Körpern auf den Reibungs- und Druckwiderstand. HSVA-Berichte Nr. 1094 I/II und 1177

[5] WIGLEY, W.C.S. — Water Forces on Submerged Bodies in Motion. TINA 1953, S. 268

WEINBLUM, G. — Auszug daraus in Hansa 1953, S. 791

[6] SCHMIDT-STIEBITZ, H. — Einfluß des Wellenbildes auf das Drehkreisverhalten von Flachwasserschiffen bei größeren Geschwindigkeiten. Forschungsbericht des Landes Nordrhein-Westfalen Nr. 774, Westdeutscher Verlag

[7] ders. — Die örtliche Geschwindigkeitsverteilung an den Seiten und am Boden von Schiffen bei Flachwasserfahrten. Forschungsbericht des Landes Nordrhein-Westfalen Nr. 691, Westdeutscher Verlag

[8] ders. — Der Ausbreitungswinkel von Bug- und Heckwellen auf flachem Wasser. Forschungsbericht des Landes Nordrhein-Westfalen Nr. 763, Westdeutscher Verlag

[9] PRANDTL, L.   Über die ausgebildete Turbulenz.
                          Verh. d. 2. intern. Kongr. f. Techn.
                          Mechanik, 1926, Zürich, S. 71

[10] MÖCKEL, W.   Bau und Seeverhalten von Fischereifahr-
                          zeugen.
                          Handb. der Seefischerei Nordeuropas,
                          Bd. XI, Heft 5, 1958.
                          E. Schweizerbart'sche Verlagsbuchhand-
                          lung, Stuttgart

[11] FUJIWHARA, S.   An Experiment on the Behaviour of Two
                          Vortices in Water.
                          Verh. des 2. intern. Kongr. für Techn.
                          Mechanik, 1926, Zürich, S. 506

[12] SOTTORF, W.   Experimentelle Untersuchungen zur Frage
                          des Wassertragflügels.
                          HSVA-Hf 408/1, 1940

[13] WEINIG, F.   Diskussion zu WAGNER, H. über das Glei-
                          ten von Wasserfahrzeugen.
                          STG-Jahrbuch 1933, S. 223

[14] SCHMIDT-STIEBITZ, H. Das Absinken des Wasserspiegels um ein
                          Verdrängungsfahrzeug auf flachem
                          Wasser.
                          Schiff und Hafen (Nov. 1956) S. 916

[15] BRAUN, K.Th.   Widerstand, Propulsion und Steuern
                          in HENSCHKE, W., Schiffbautechn. Hand-
                          buch, Bd. 1, 2. Aufl., S. 424

[16]   Underwater Cargo Vessel Investigation
                          for the US Maritime Administration.
                          Shipbuilding and Shipping Record.
                          9. Okt. 1958, S. 470

[17] WEINIG, F.   Zur Theorie des Unterwassertragflügels
                          und der Gleitfläche.
                          Luftfahrtforschung Bd. 14, Lfg. 6

[18] MILNE-THOMSON, L.M.   Theoretical Hydrodynamics,
                           London 1955

[19] WEINBLUM, G.   Kräfte bei Bewegungen von Körpern in
                           oder nahe der freien Oberfläche.
                           Schiffstechnik (1952) Nr. 1

[20] WEINBLUM, G.   Bericht 758 des David Taylor Model Basin,
                           Wellenwiderstand von Rotationskörpern,
                           Schiffstechnik (1958) Nr. 26

Nach Fertigstellung der Untersuchung wurde noch bekannt:

[21] BOERICKE, H.   Unusual Displacement Hull Forms for
                           Higher Speeds.
                           Intern. Shipbuilding Progress,
                           Rotterdam, Vol. 6, June 1959, Nr. 58,
                           S. 249

7. Anhang

7.1 Tauchkörper-Aufmaße

Dickenverhältnis $\quad\delta = \dfrac{d}{l} = 0{,}08$

Dickenrücklage $\quad\left(\dfrac{x}{l}\right)_\delta = 0{,}28 - 0{,}58$

Nasenradius $\quad \varrho/l \Big/ \delta^2 = 0{,}75$

Hinterkantenwinkel $\quad \dfrac{\operatorname{tg}\dfrac{\beta}{2}}{\delta^2} = 2{,}28$

Gleichung des Bugteils $\quad \xi = 1$ bei $\dfrac{x}{l} = 0{,}28$

$$\eta = a_0\sqrt{\xi} + a_1\xi + a_2\xi^2$$

$a_0 = +\,0{,}05536;\ a_1 = -\,0{,}00304;$

$a_2 = -\,0{,}01232$

Gleichung des Heckteils $\quad \xi = 0$ bei $\dfrac{x}{l} = 1$ und

$\xi = 1$ bei $\dfrac{x}{l} = 0{,}58$

$$\eta = a_1\xi + a_2\xi^2 + a_3\xi^3$$

$a_1 = +\,0{,}096;\ a_2 = -\,0{,}072;\ a_3 = +\,0{,}016$

$y = \dfrac{d}{2} = \eta \cdot l \quad;\quad x = l$

Maße in mm

x	y
0	0
28	24,368
56	34,08
112	47,2
224	63,52
336	73,28
504	78,4
560	80
von 560 bis 1160	unveränderlich 80
1160	80
1328	77,76
1496	70,24
1664	55,84
1832	32,88
1916	17,792
1958	9,216
2000	0

Nasenradius $\varrho = 9{,}6$ mm

7.2 Tauchkörper - Verdrängung und Oberfläche

$L = 2$ m $\qquad\qquad D_{\text{ohne Kiel}} = 0{,}16$ m

Tiefgang bis OK.T. [mm]	Tiefgang T/d	Verdrängung [dm³]	Oberfläche [dm²]	
145	1,41	33,45	107,4	
205	1,78	33,73	114,1	
235	1,97	34,97	117,2	
295	2,35	36,09	125,0	
355	2,72	37,01	131,1	
400	3,0	37,91	136,8	
		31,79	95,3	Tauchkörper + Kiel + Anhänge
			90,3	Tauchkörper + Kiel
			1,88	2 Flossen vorn
			2,54	2 Flossen hinten
			0,5	1 Seitenruder

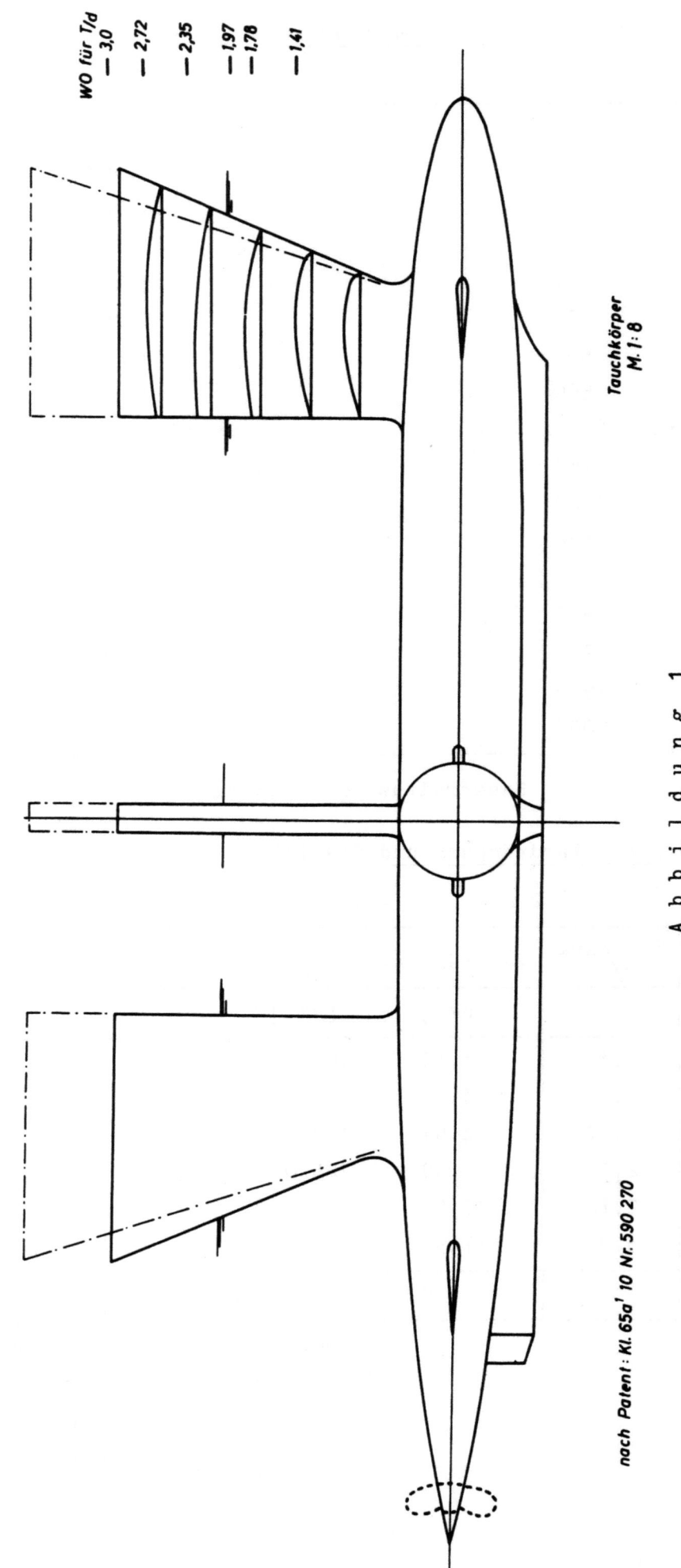

Abbildung 1

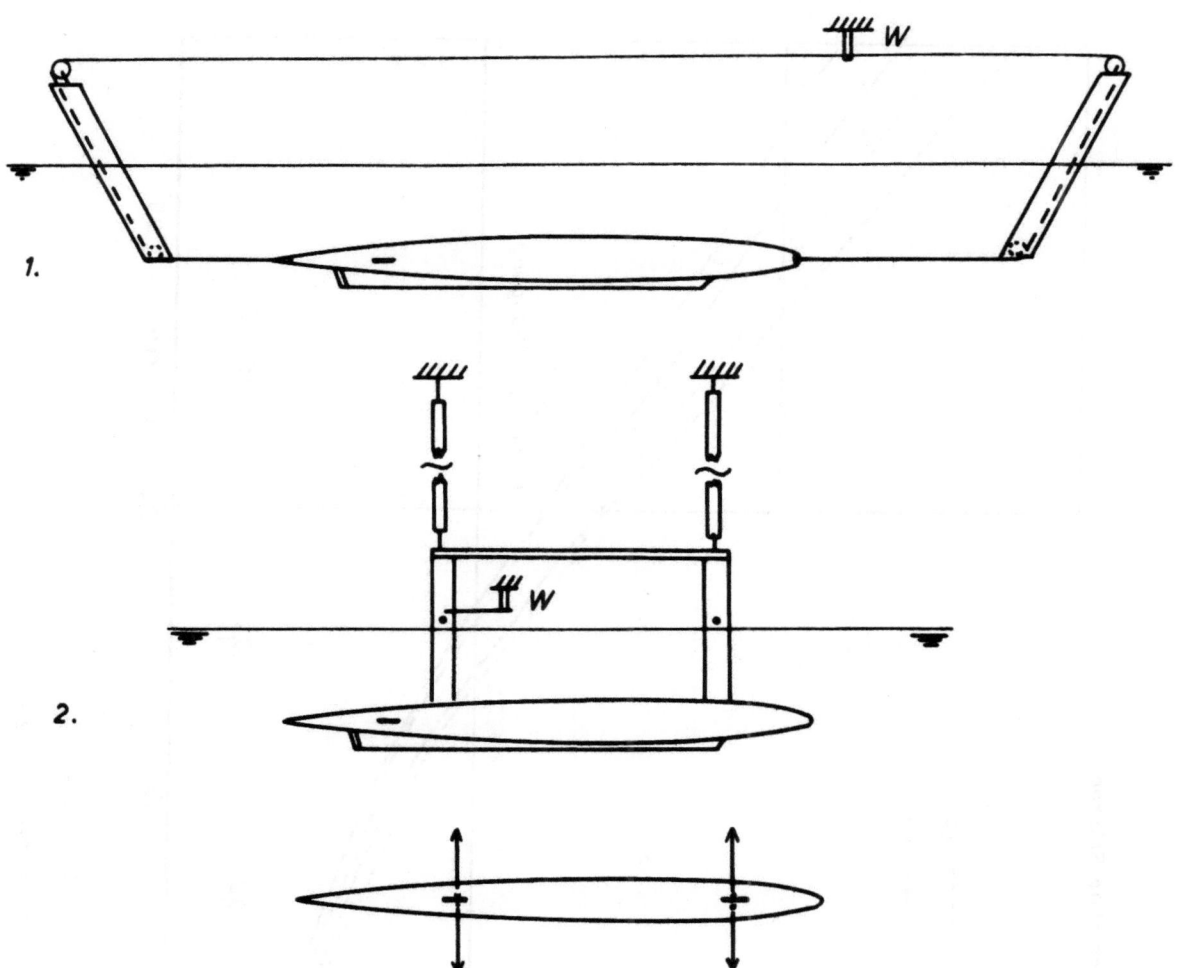
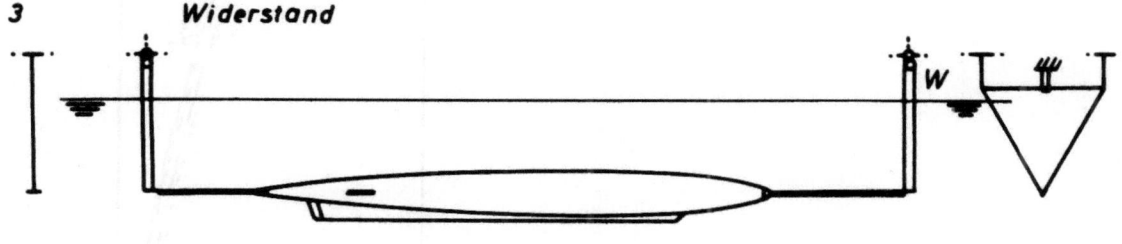
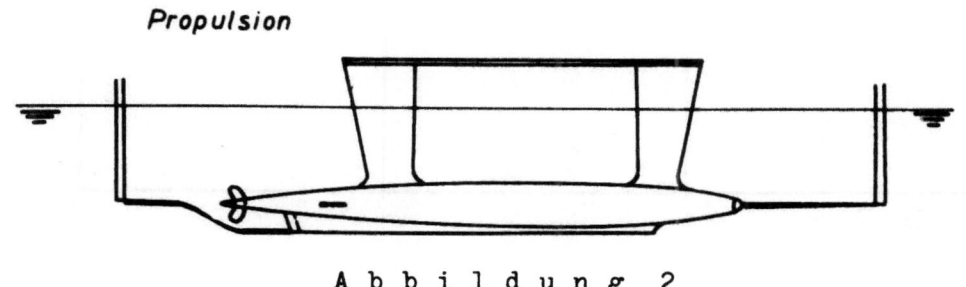

Abbildung 2

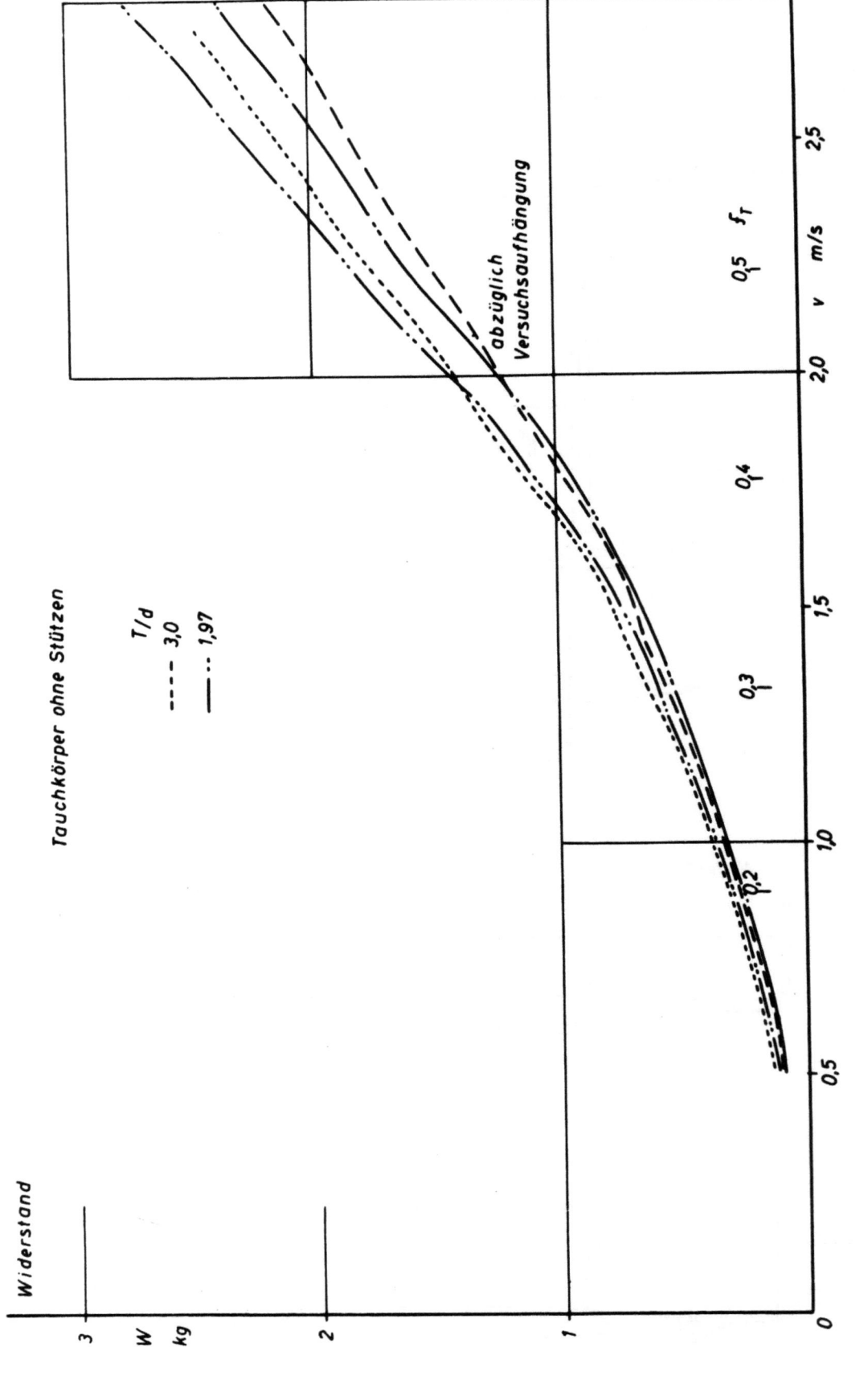

Abbildung 3
Tauchkörper ohne Stützen

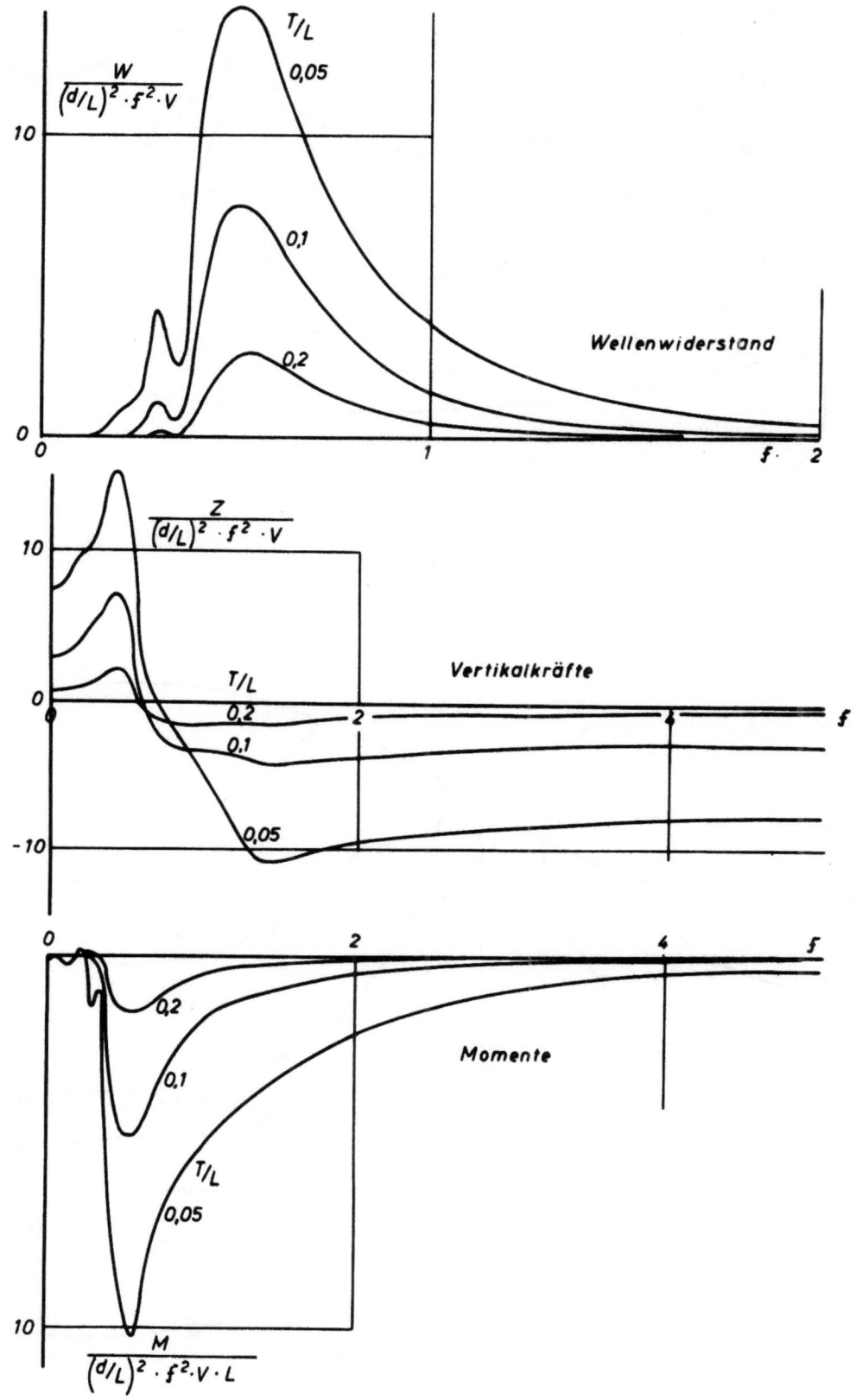

Abbildung 4
Vergl. WIGLEY, W.C.S.: Kräfte am getauchten Rotationsellipsoid
TINA 1953 S. 268

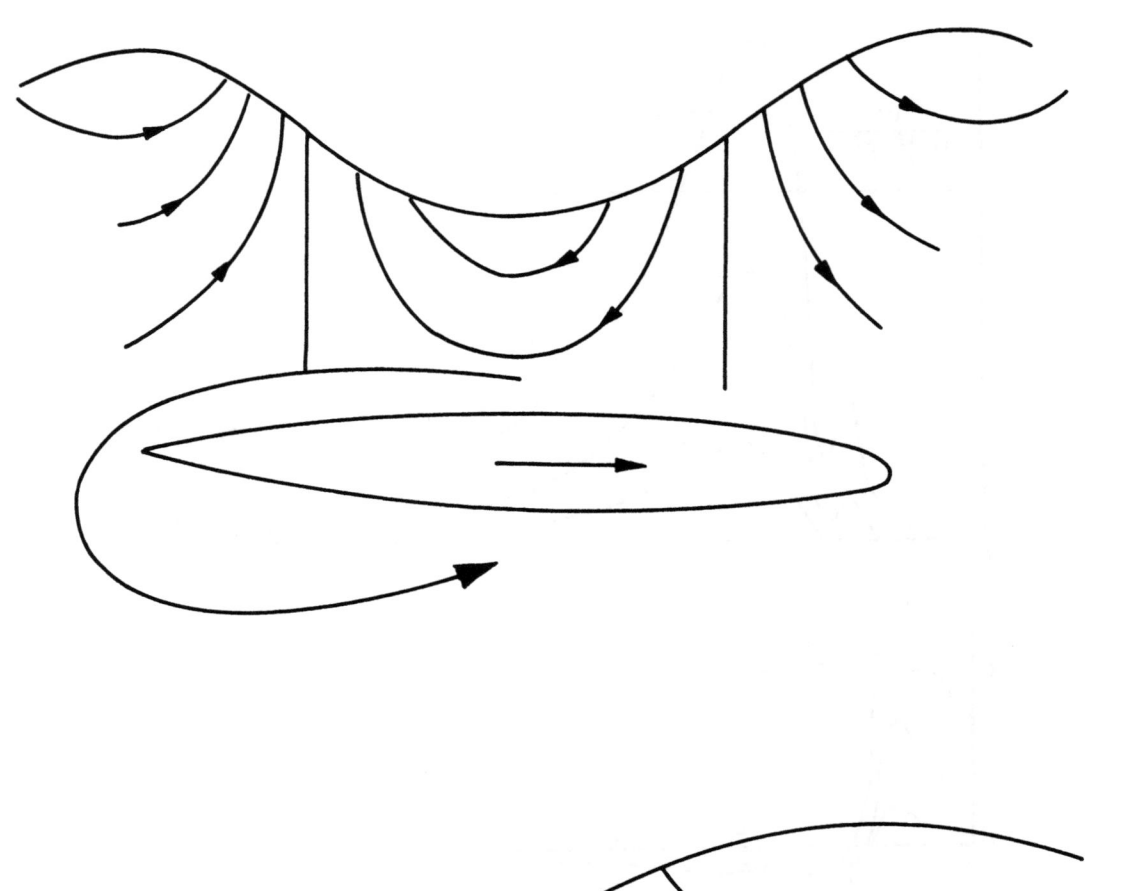
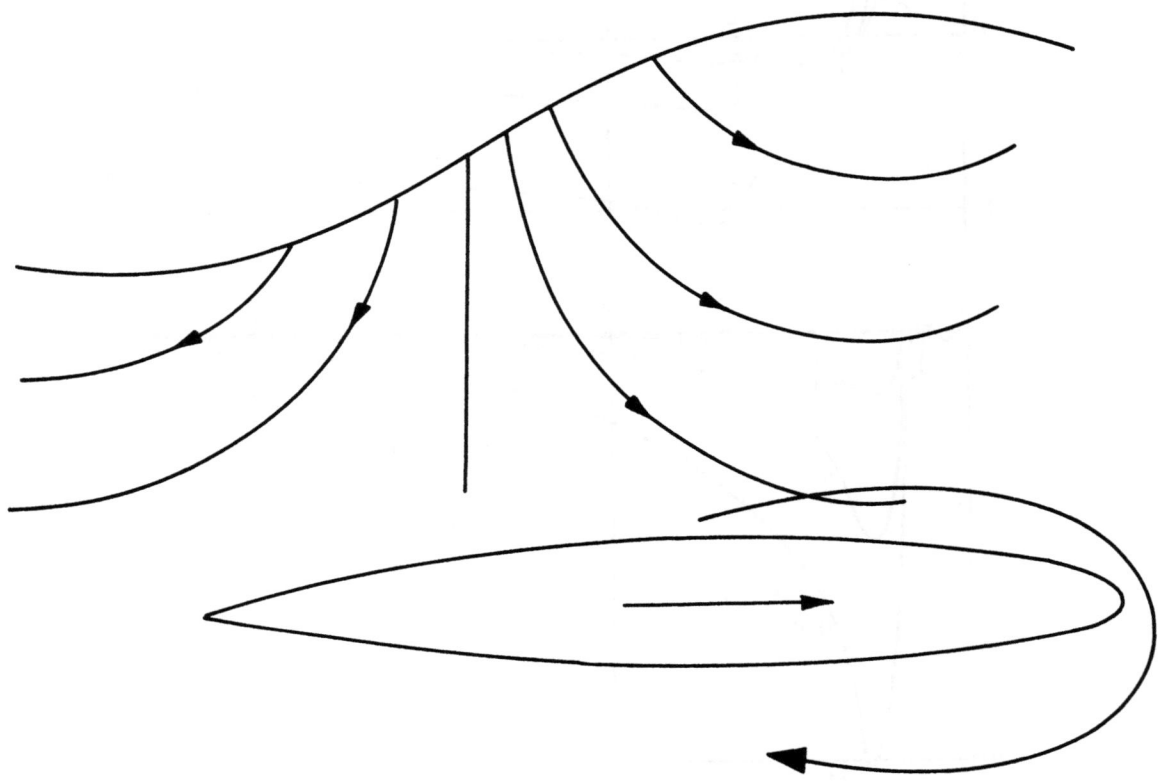

Abbildung 5

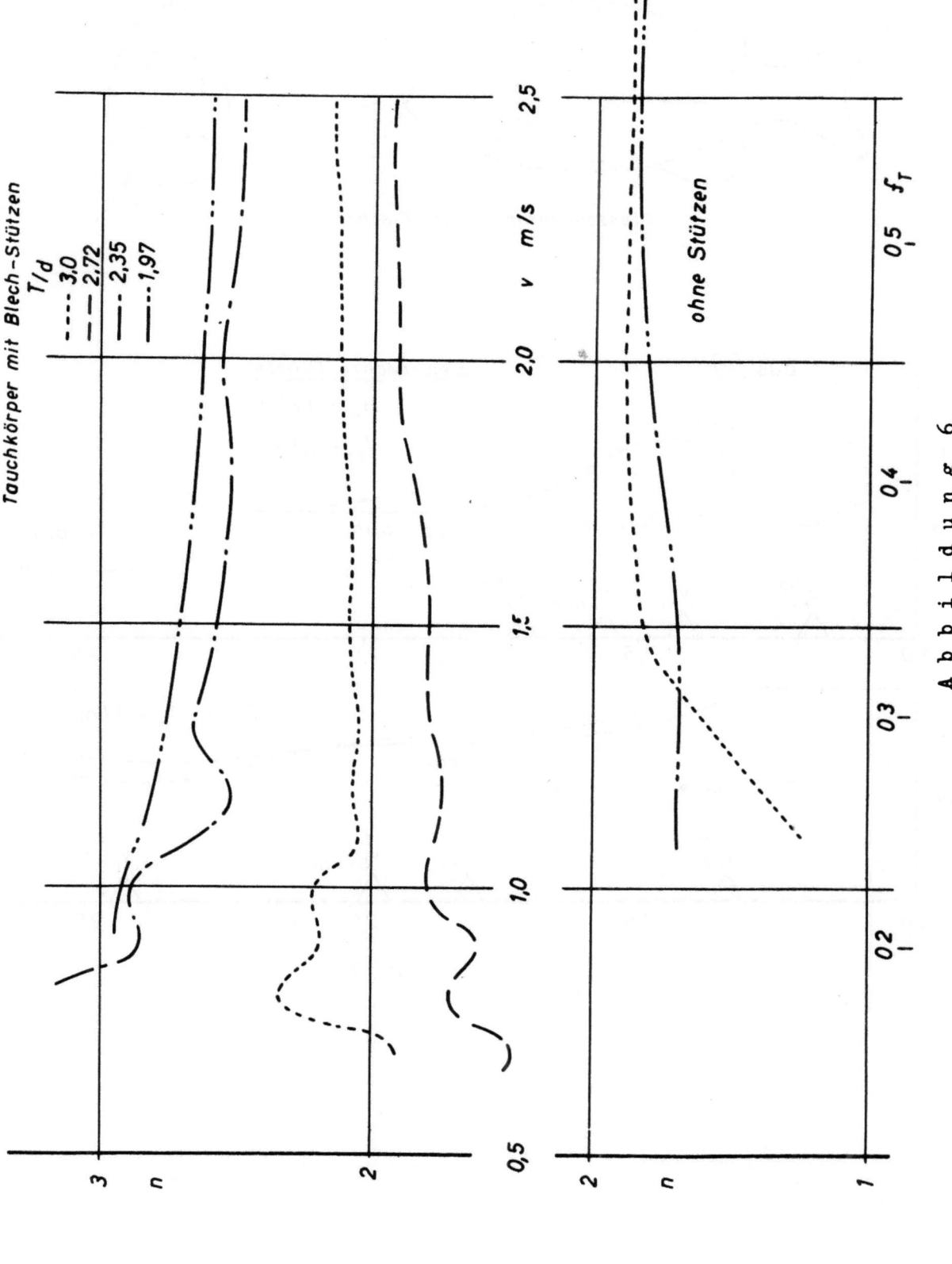

Abbildung 6

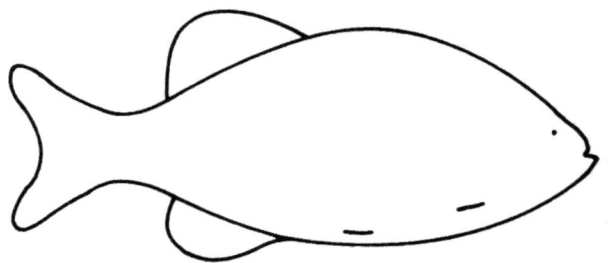
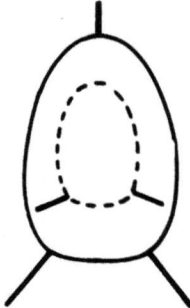

Flossenanordnung bei Fischen

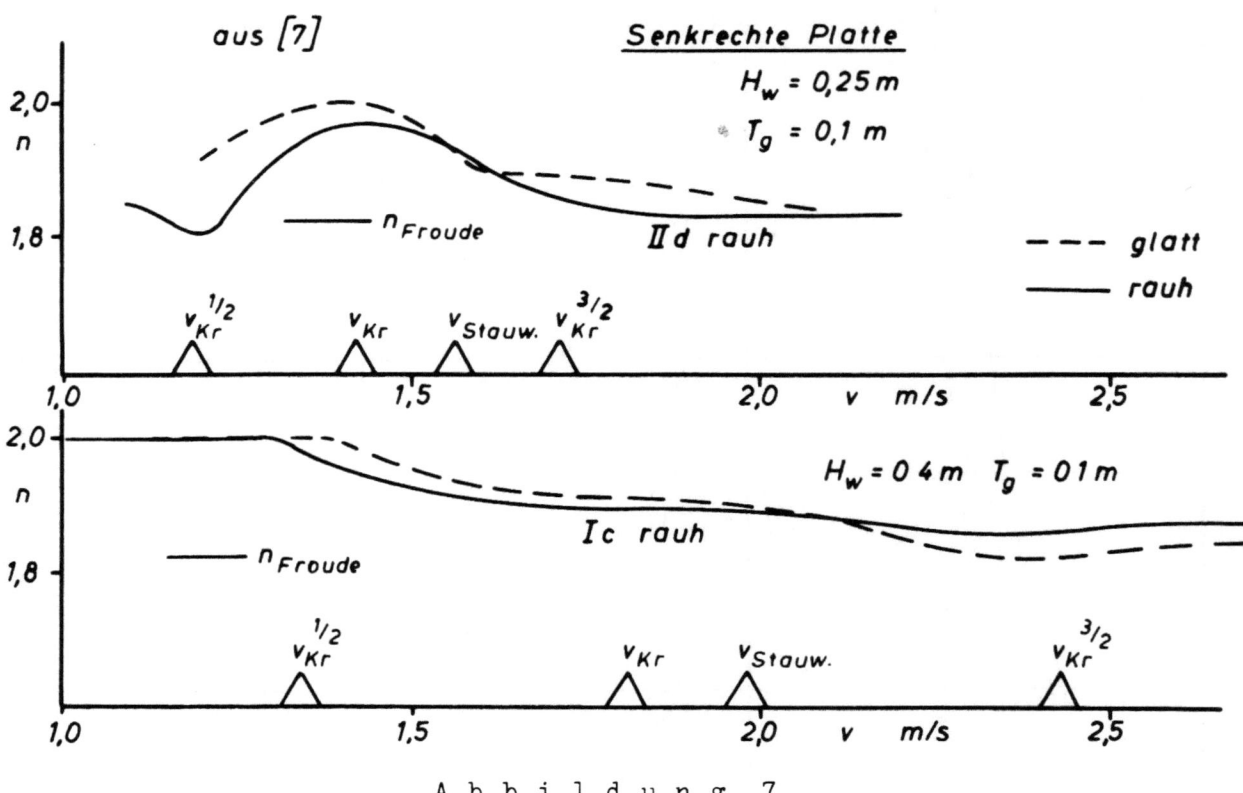

Abbildung 7

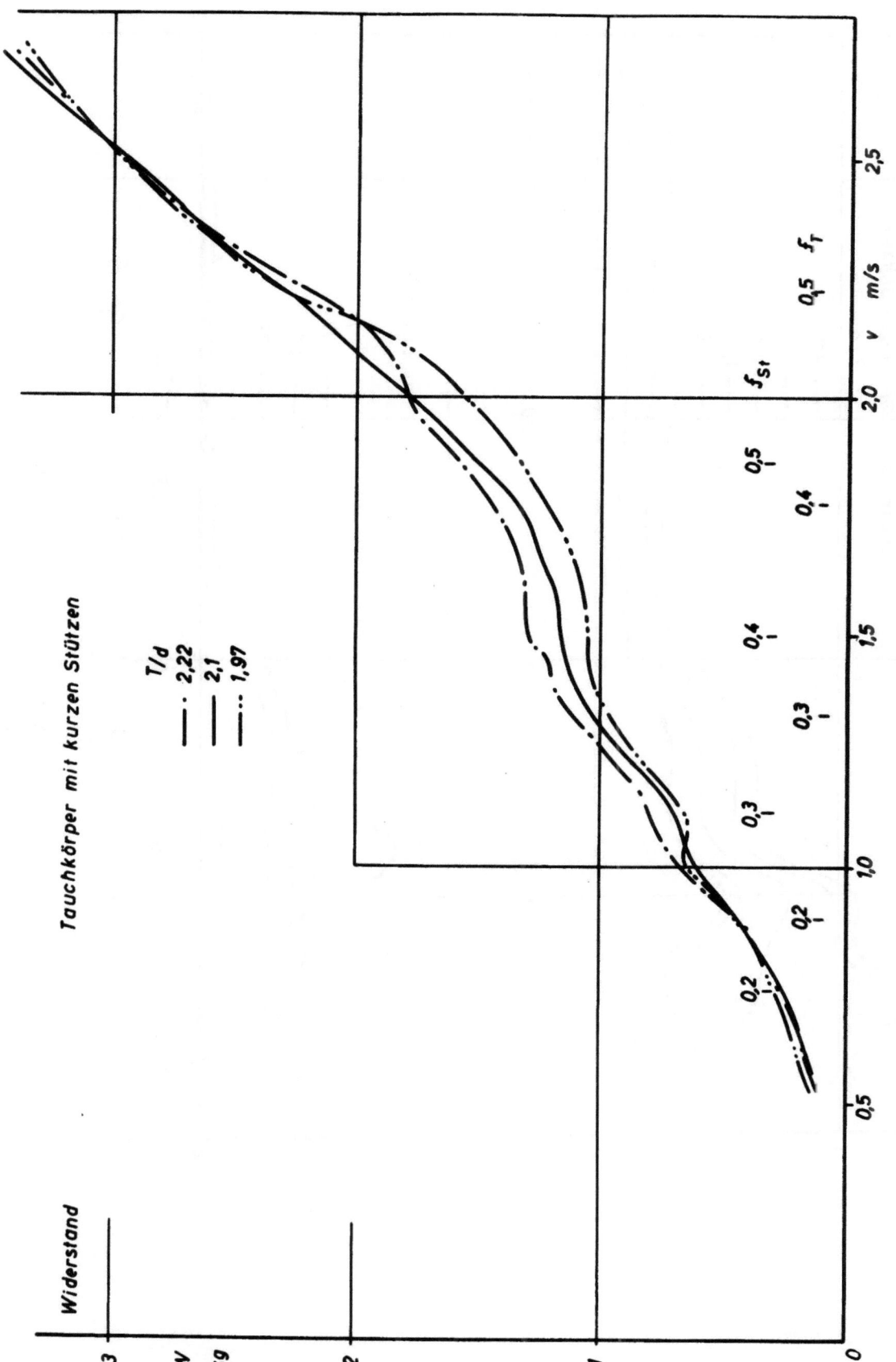

Abbildung 8
Tauchkörper mit kurzen Stützen

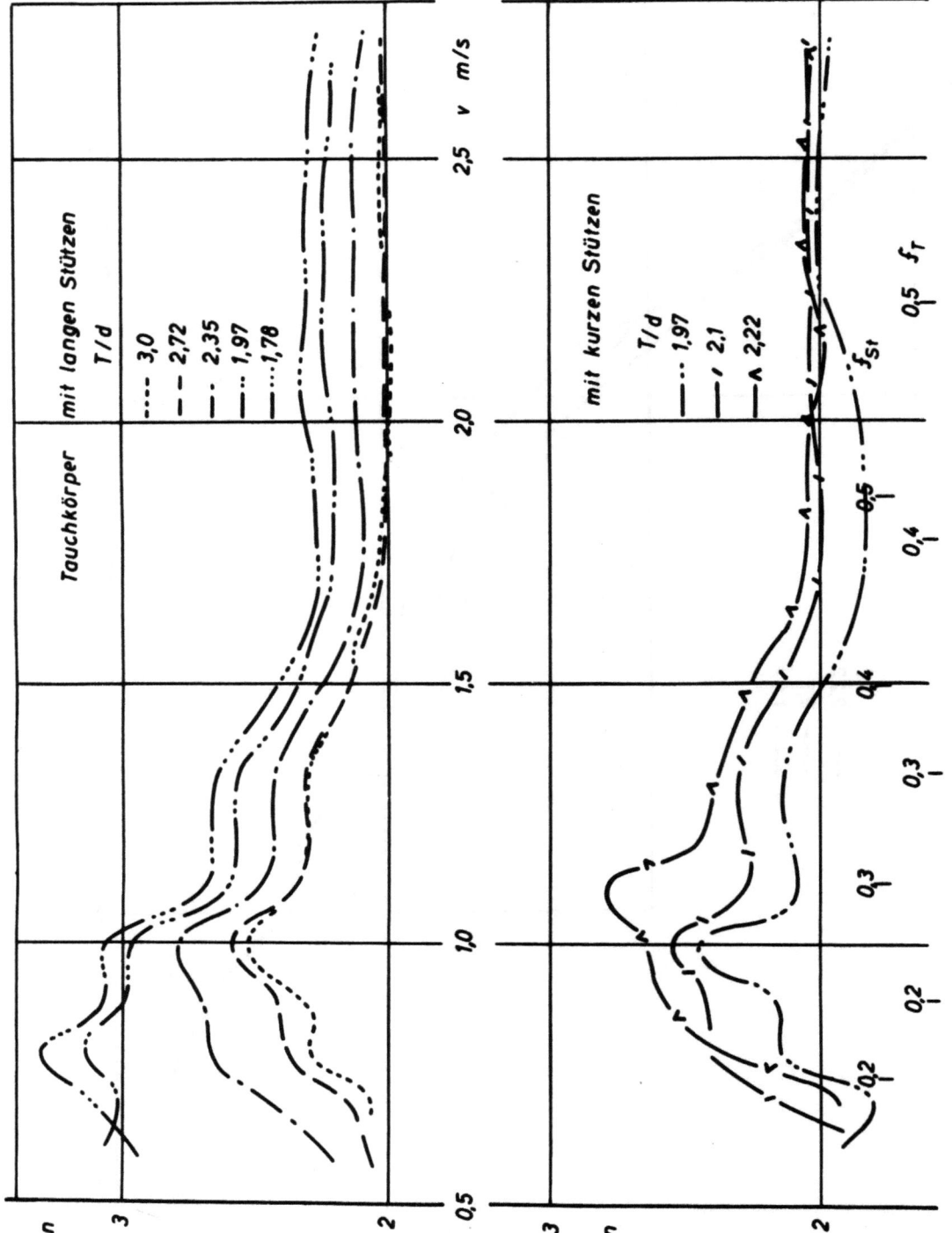

Abbildung 9

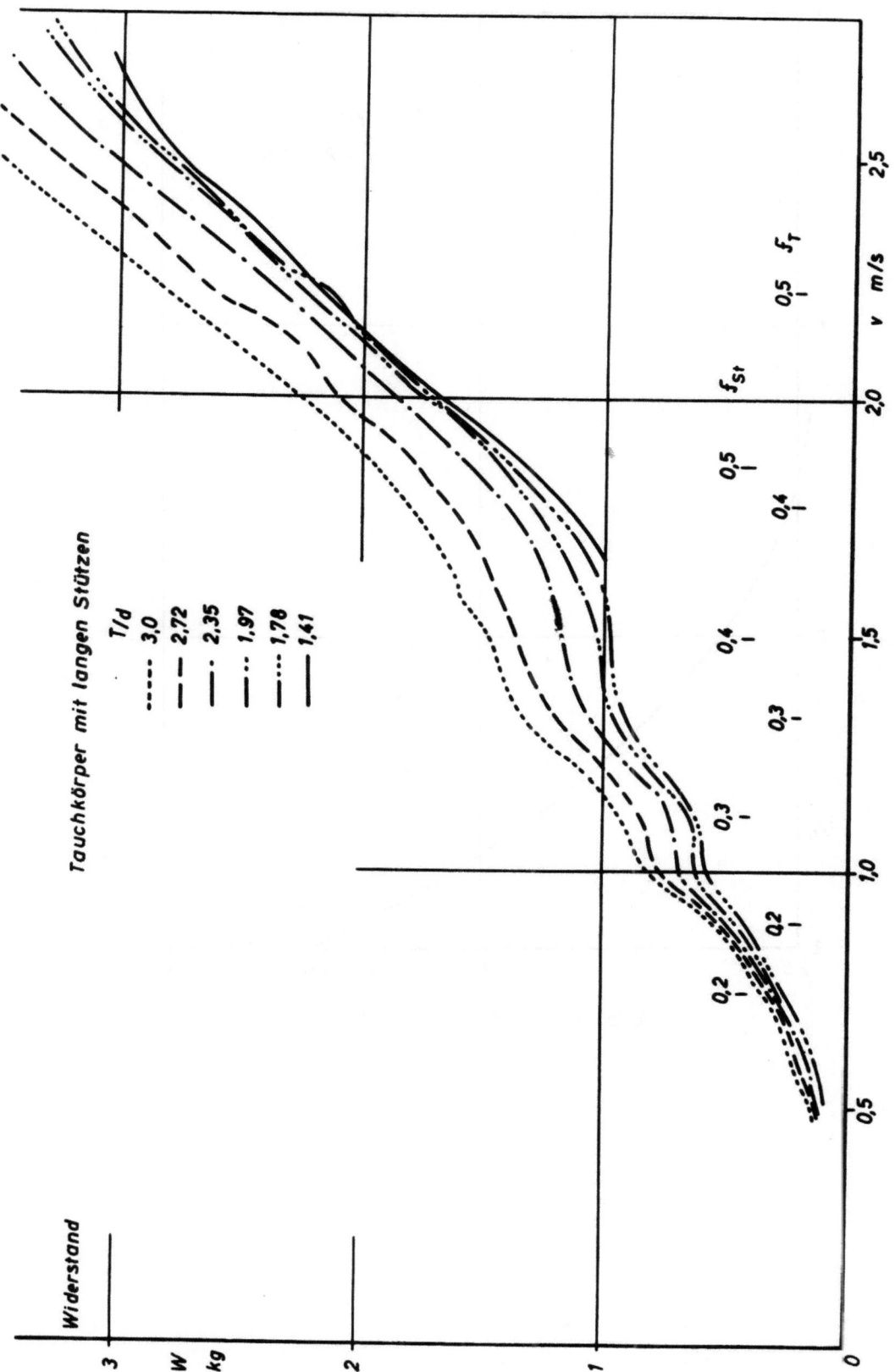

Abbildung 10
Tauchkörper mit langen Stützen

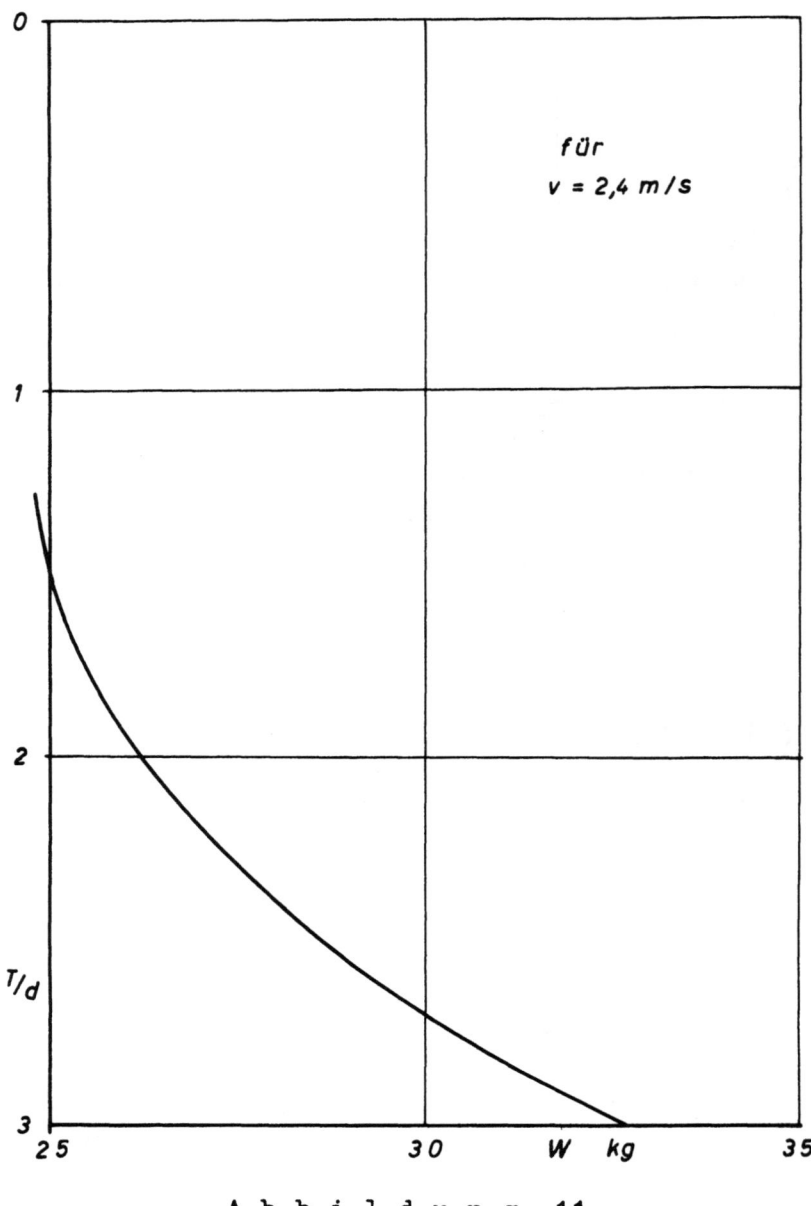

Abbildung 11

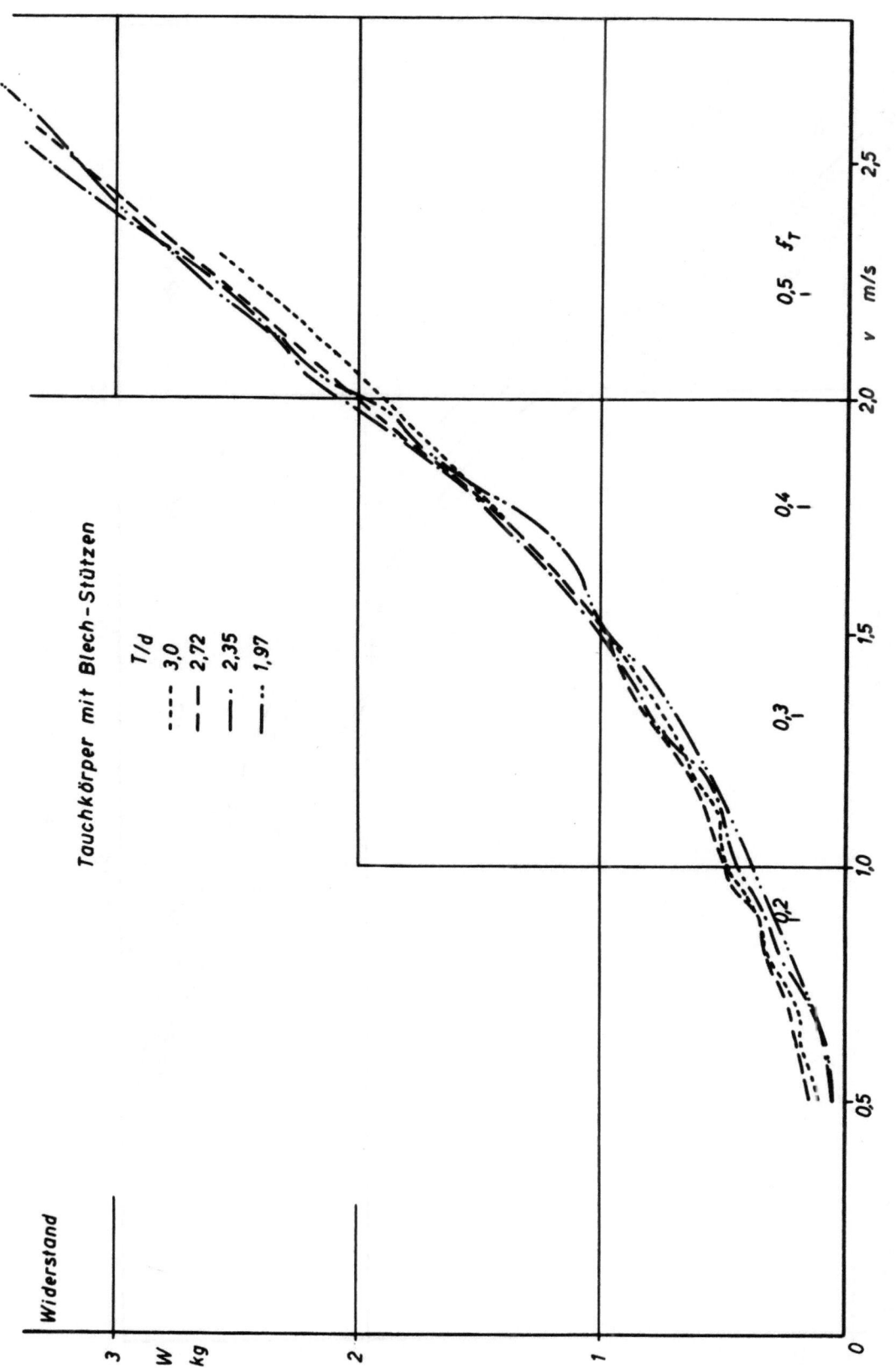

Abbildung 12
Tauchkörper mit Blech-Stützen

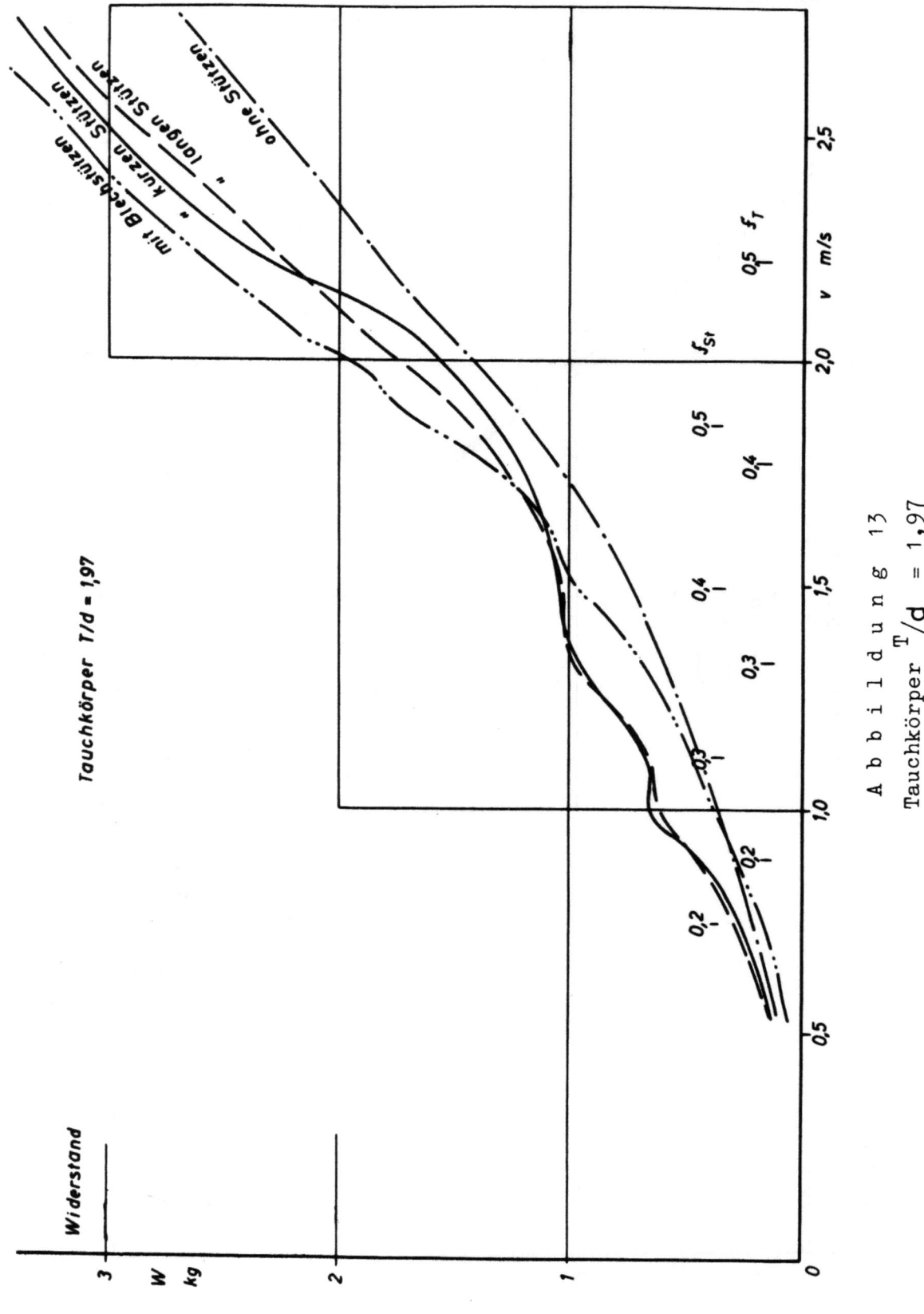

Abbildung 13
Tauchkörper T/d = 1,97

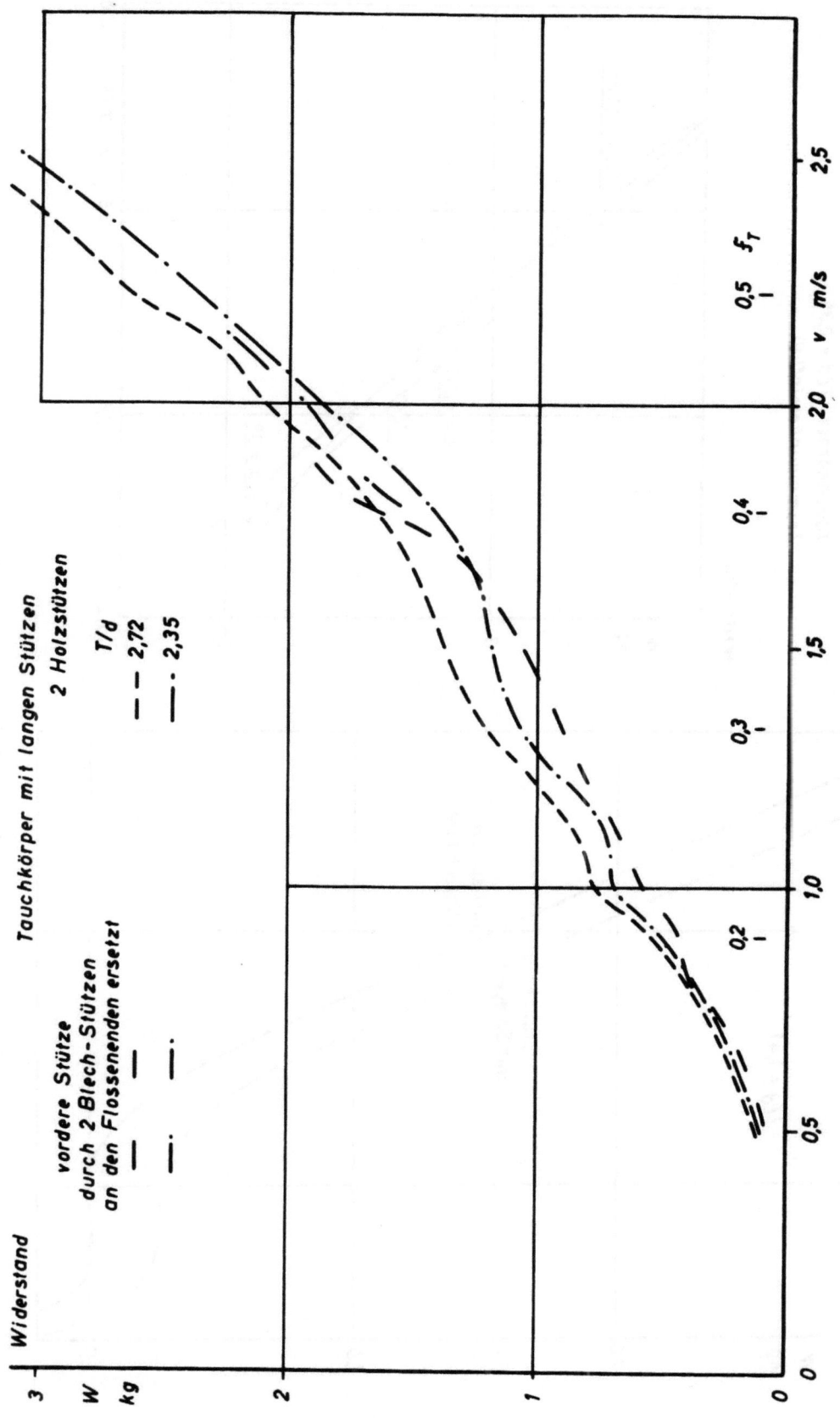

Abbildung 14

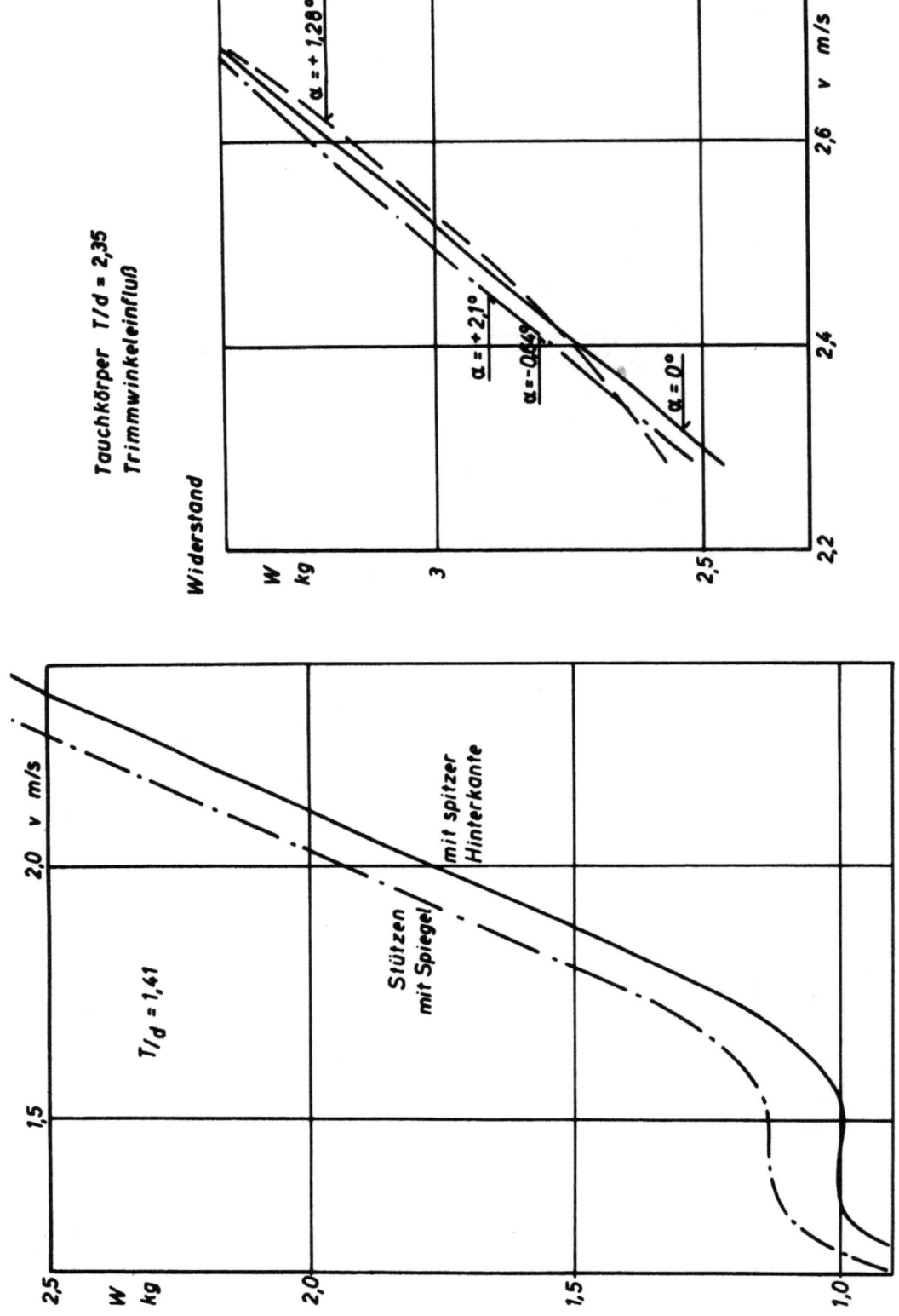

Abbildung 15

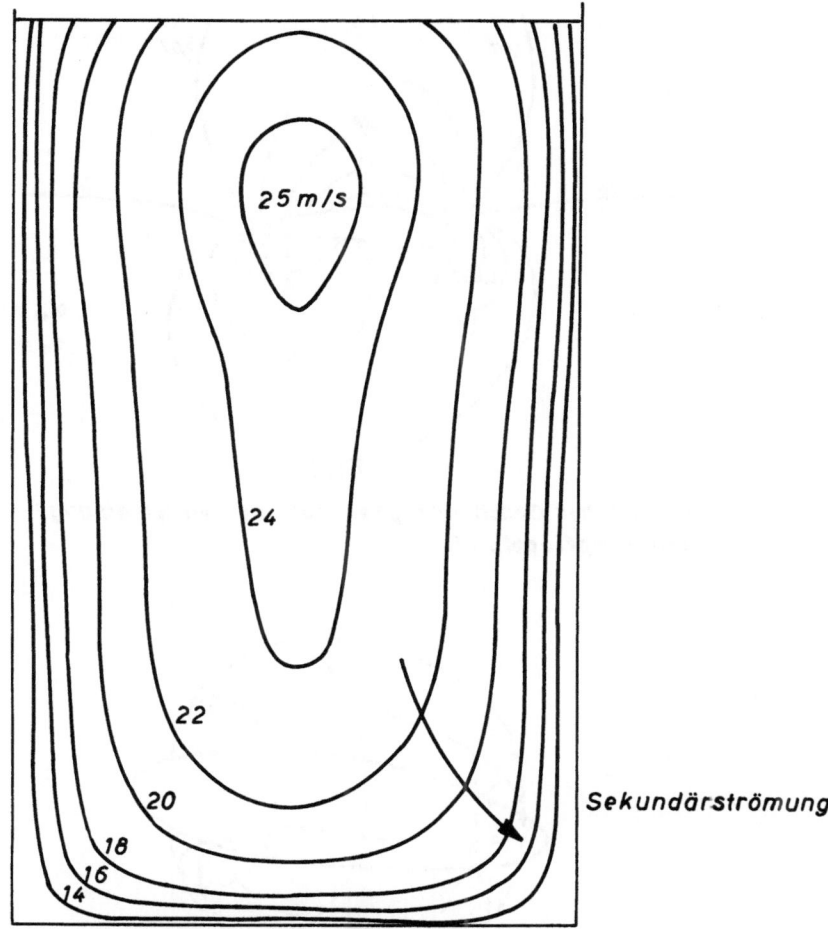
Isotachen im offenenen Rechteck-Kanal

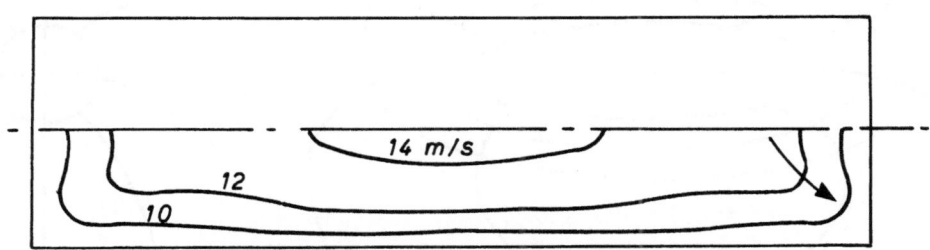
Isotachen im geschlossenen Rechteck-Kanal

A b b i l d u n g 16
Aus: PRANDTL, L.: Über die ausgebildete Turbulenz
Verh. des 2. intern. Kongr. f. techn. Mechanik 1926 Zürich S. 71 u. 73
aus [9]

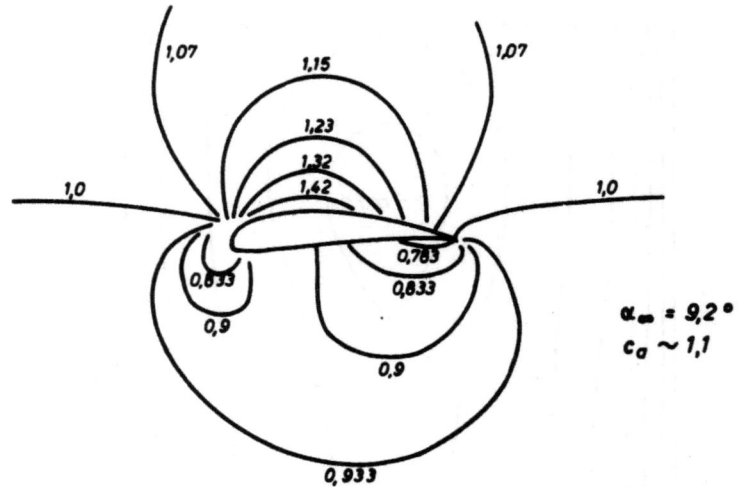

Linien gleicher Geschwindigkeit der idealen Strömung um ein Tragflügelprofil

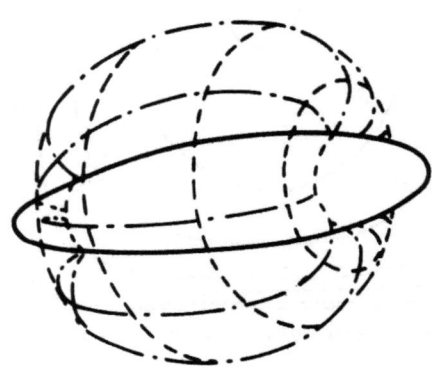

räumliche Skizze der Absolutströmung um ein Rotationsellipsoid

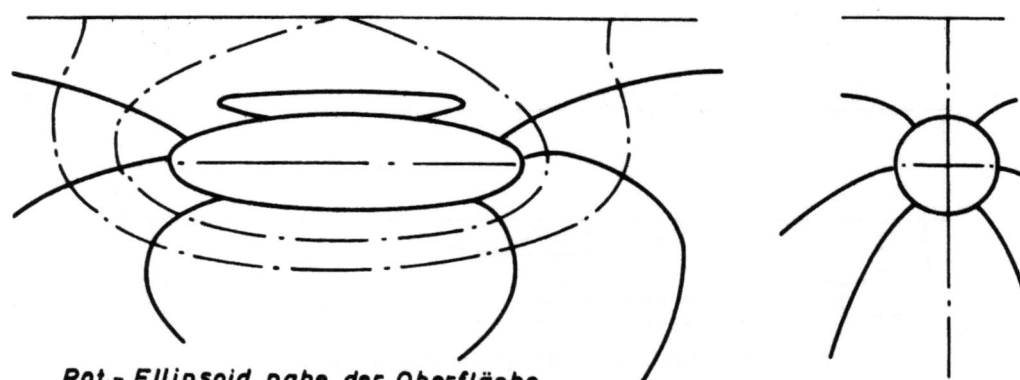

Rot.-Ellipsoid nahe der Oberfläche

Abbildung 17

Oberes Bild aus: WEINIG, F.: Aerodyn. der Luftschr. S. 318

Absolutströmung um einen Rotationskörper im unbegr. Medium

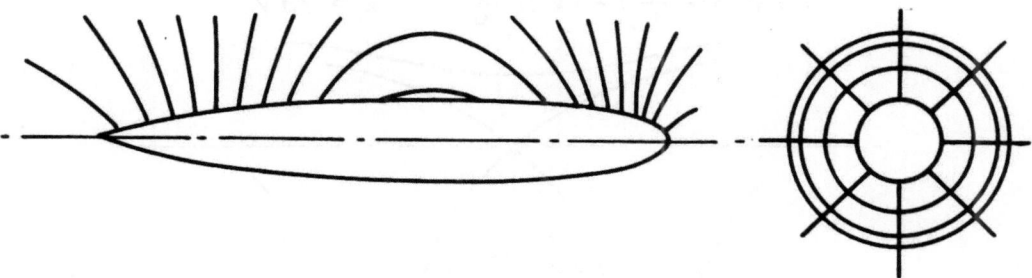

und nahe der Oberfläche

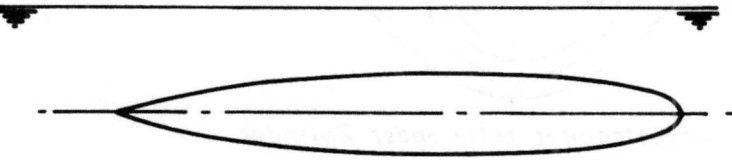

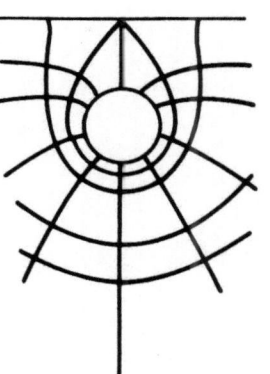

Potentiallinien zweier gleichsinnig drehender Wirbel

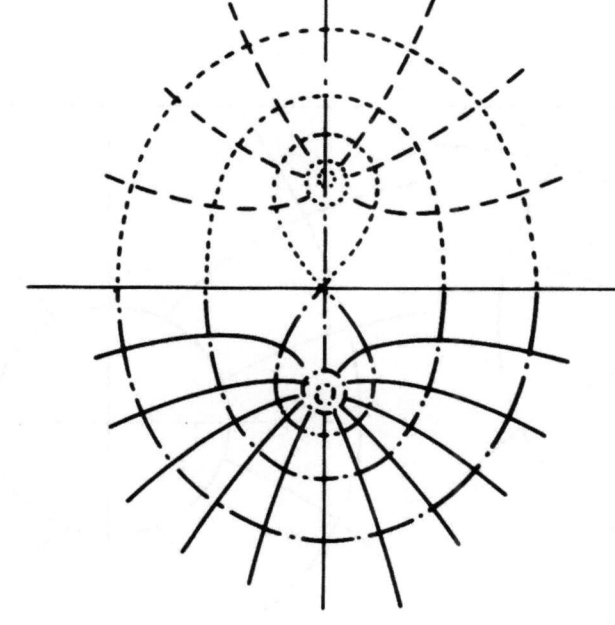

Doppeldecker

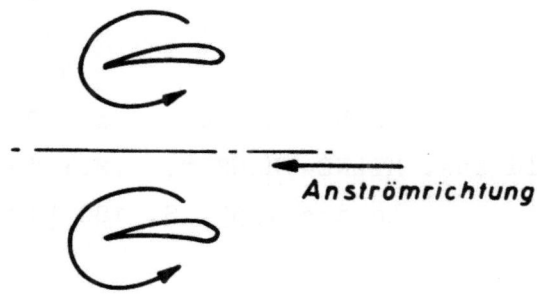

Anströmrichtung

Abbildung 18

1. und 3. Bild aus: FÖTTINGER, H.: Kolleg

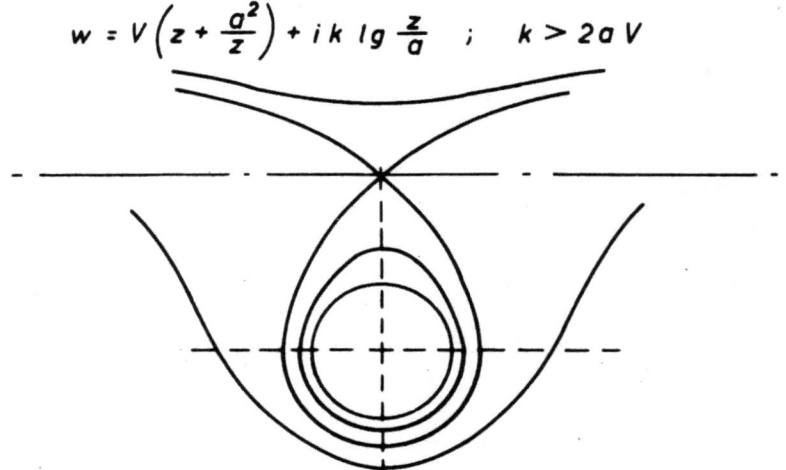

$$w = V\left(z + \frac{a^2}{z}\right) + ik \lg \frac{z}{a} \quad ; \quad k > 2aV$$

angeströmter rotierender Zylinder

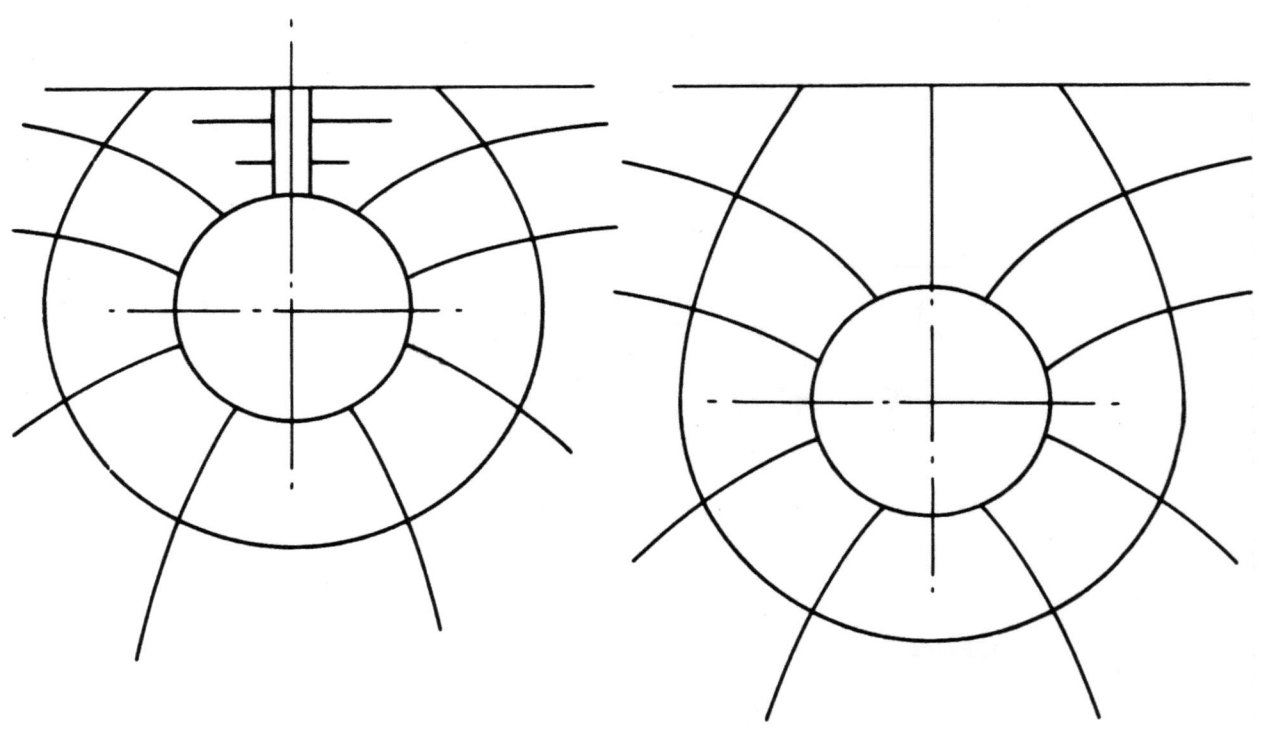

Abbildung 19
Oberes Bild aus: MILNE-THOMSON, L.M.: Theor. Hydrodynamics,
London 1955, S. 180 [18]

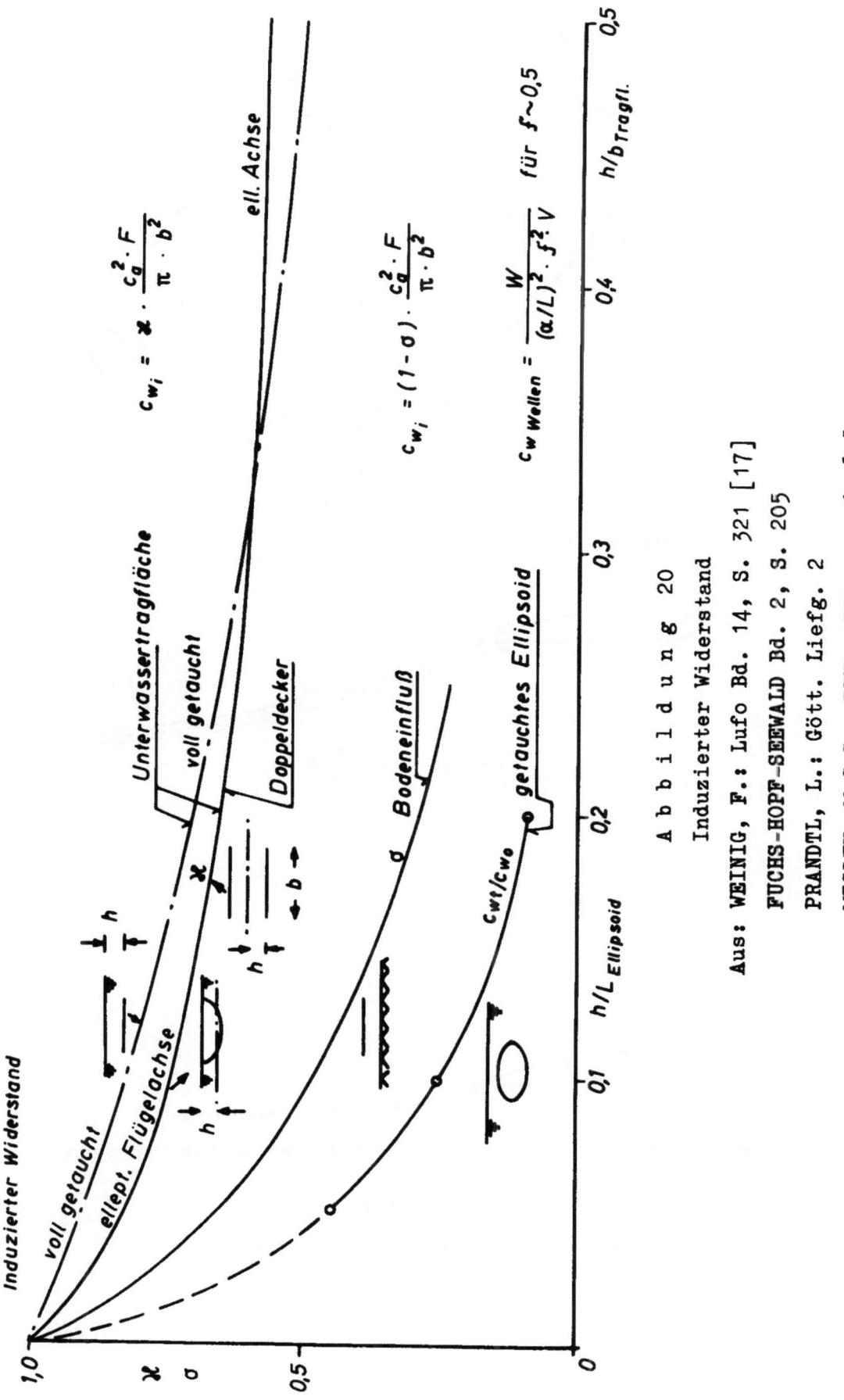

Abbildung 20
Induzierter Widerstand

Aus: WEINIG, F.: Lufo Bd. 14, S. 321 [17]
FUCHS-HOPF-SEEWALD Bd. 2, S. 205
PRANDTL, L.: Gött. Liefg. 2
WIGLEY, W.C.S.: TINA 1953, S. 268 [5]

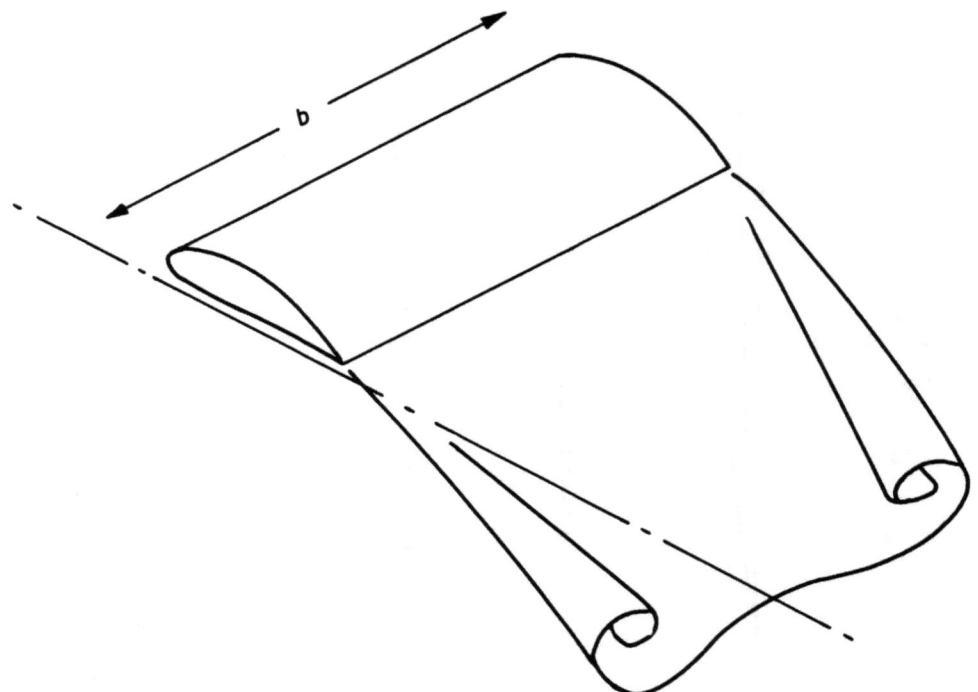

Flügelnachlauf

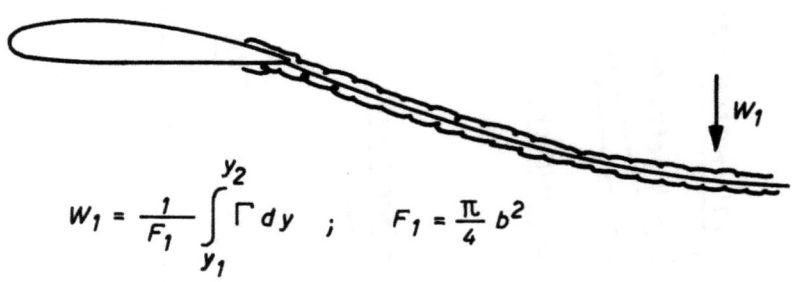

$$W_1 = \frac{1}{F_1} \int_{y_1}^{y_2} \Gamma \, dy \quad ; \quad F_1 = \frac{\pi}{4} b^2$$

Bodennähe

Abbildung 21
Aus: PRANDTL, L.: Strömungslehre

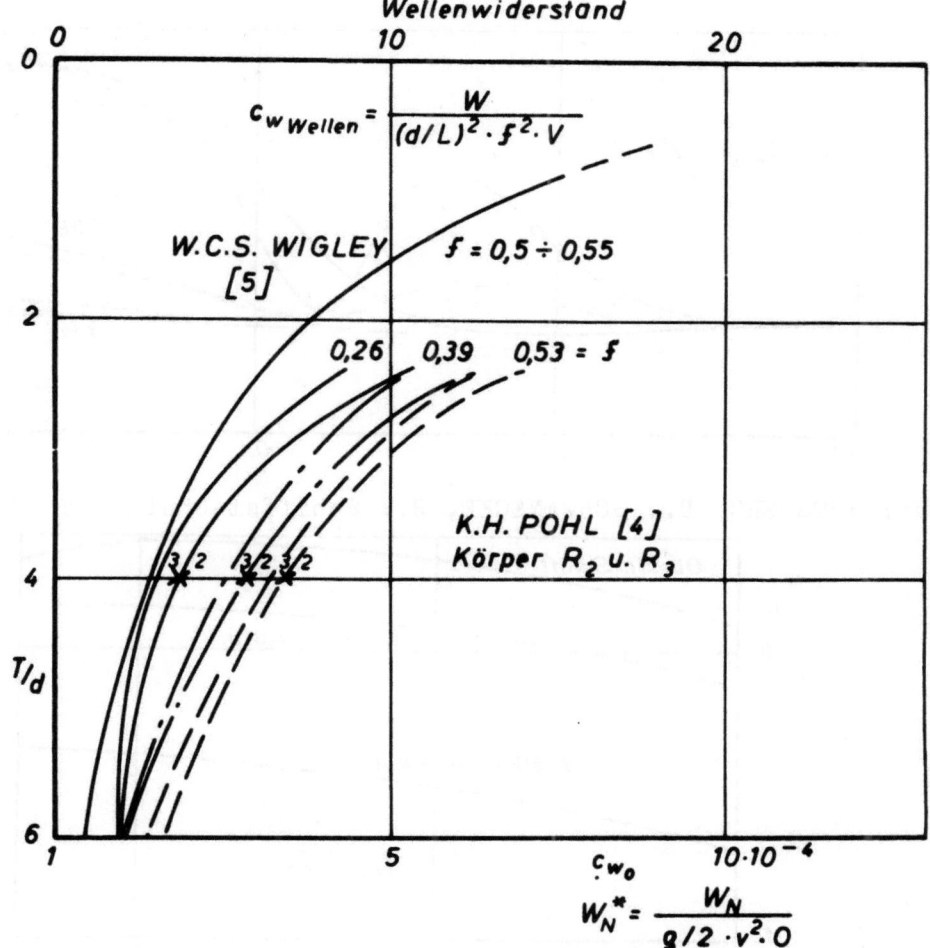
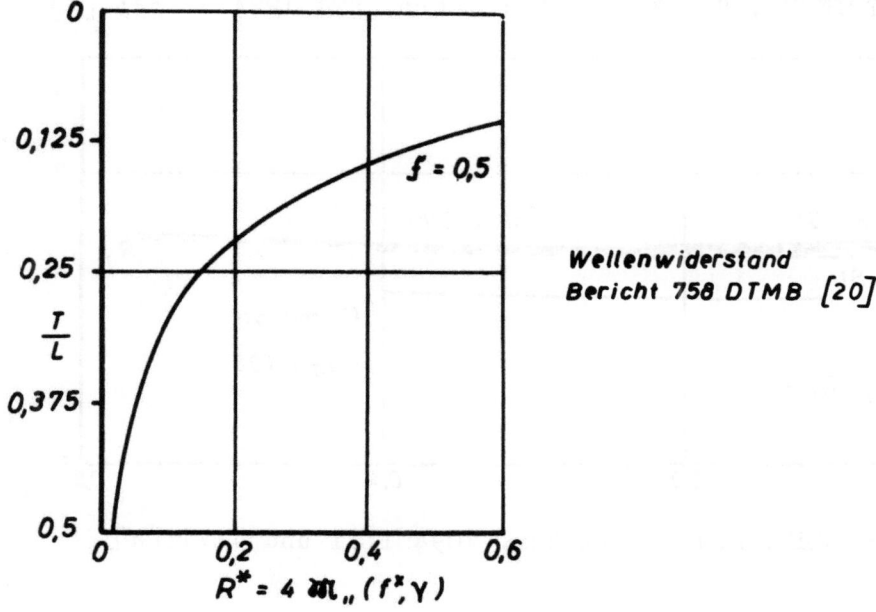

Abbildung 22
Wellenwiderstand
Unteres Bild aus: Bericht 758 DTMB [20]

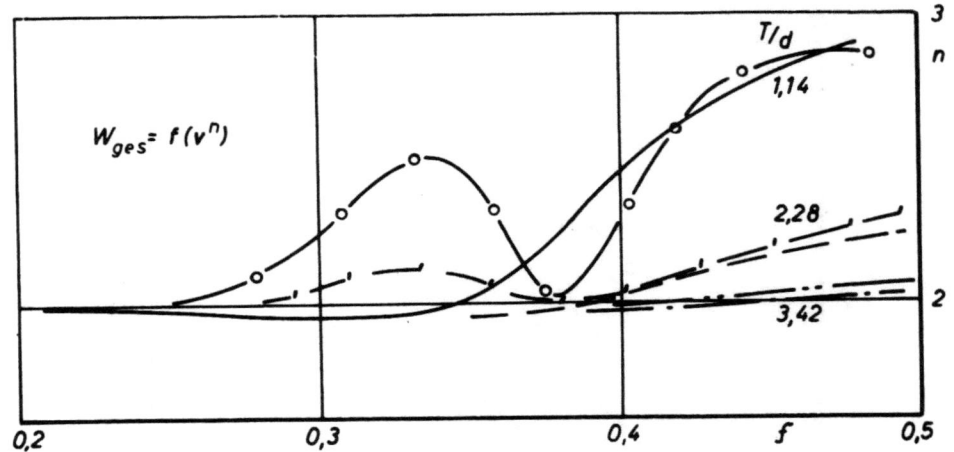

Aus: AMTSBERG, H., SCHWANECKE, H.: Schiffstechnik 1958 Nr. 28 [3]

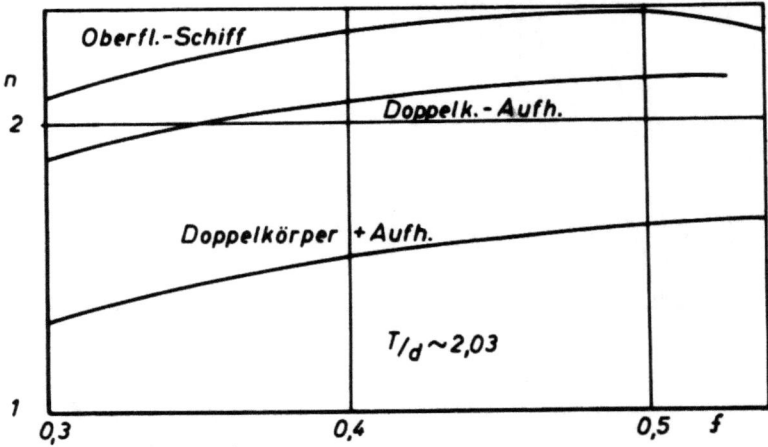

Aus: FÖTTINGER, H., KEMPF, G.: Jahrb. STG 1924 S. 343 [1]

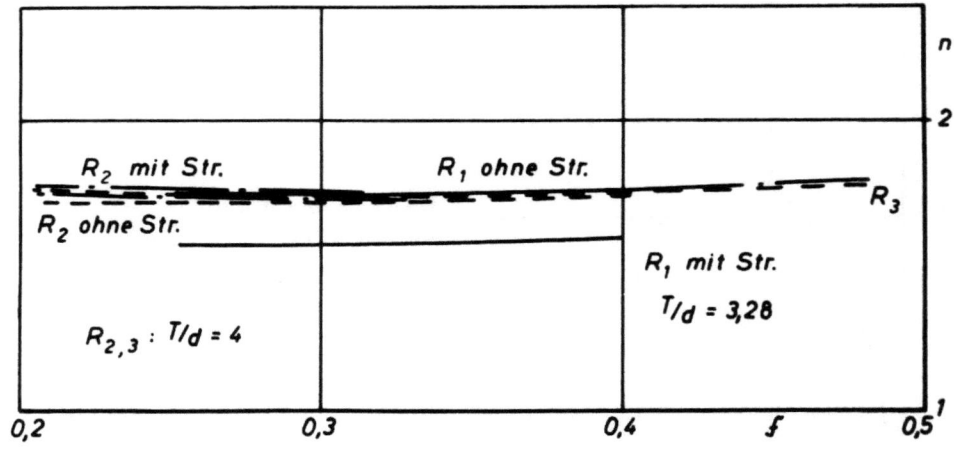

Aus: POHL, K.H.: HSVA Ber. 1094 I/II und 1177 [4]

Abbildung 23

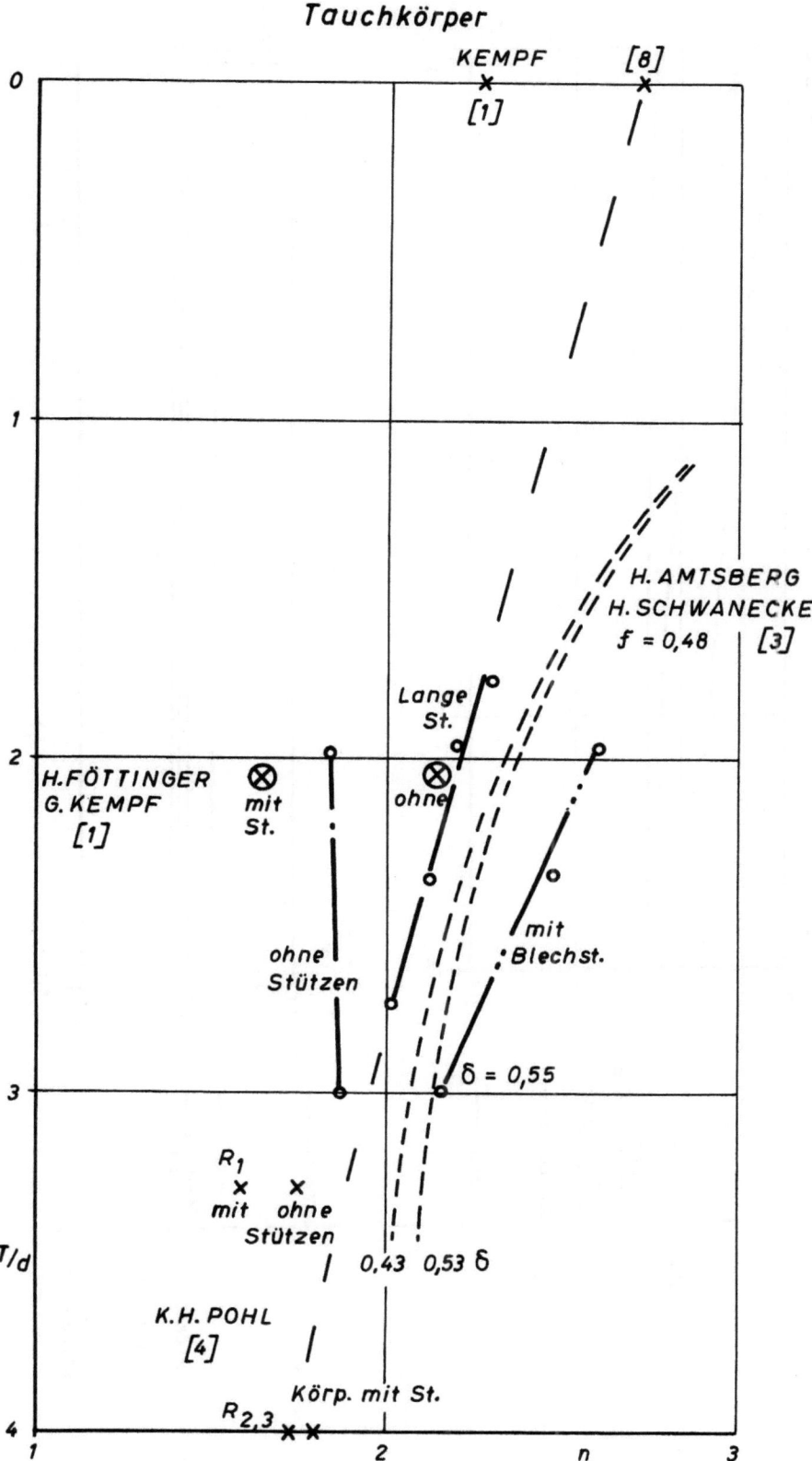

Abbildung 24
Tauchkörper

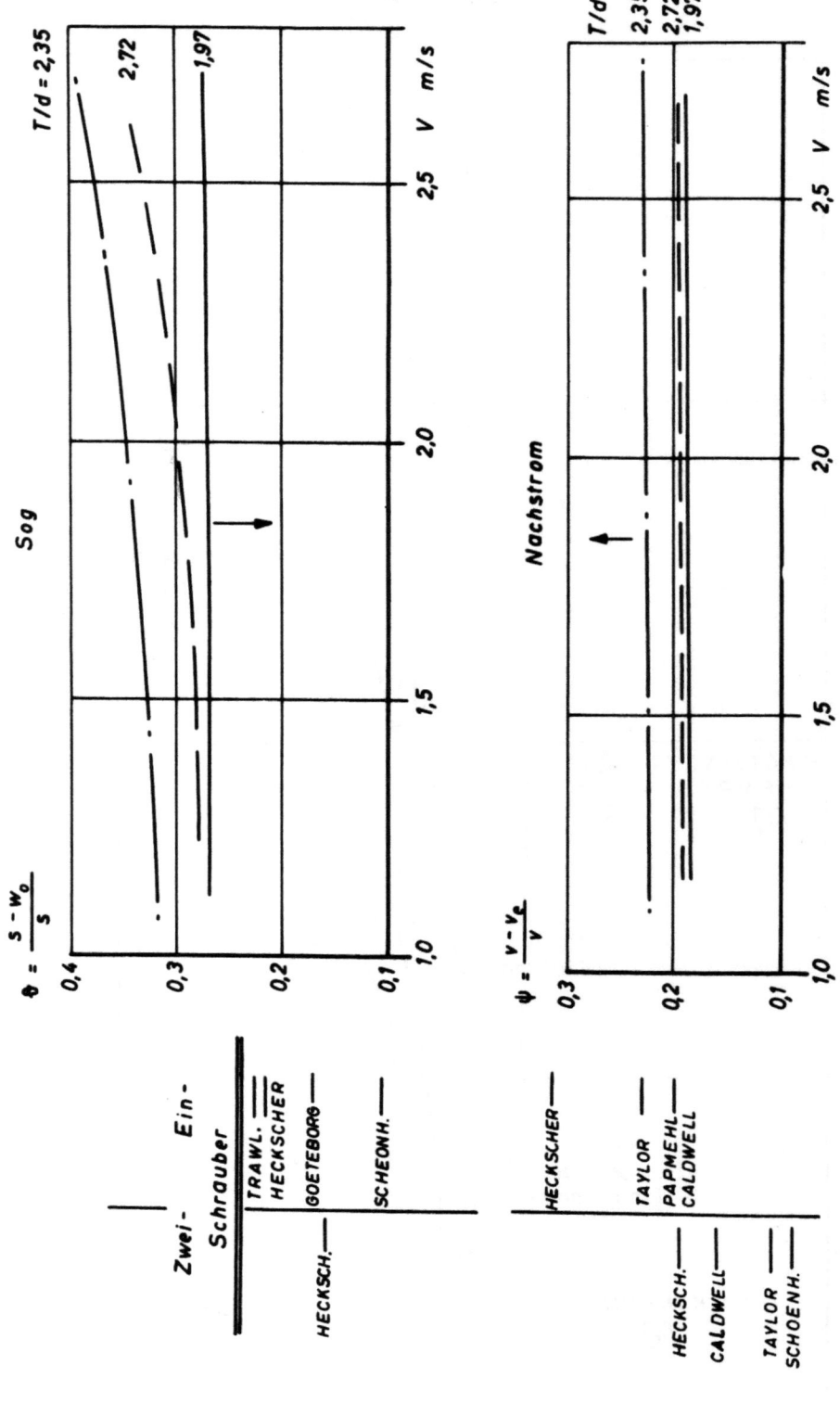

Abbildung 25

FORSCHUNGSBERICHTE DES LANDES NORDRHEIN-WESTFALEN

Herausgegeben durch das Kultusministerium

SCHIFFBAU

HEFT 211
Prof. Dipl.-Ing. W. Sturtzel und Dr.-Ing. W. Graff, Duisburg
Die Versuchsanstalt für Binnenschiffbau, Duisburg
1956, 48 Seiten, 22 Abb., 11,—

HEFT 333
Versuchsanstalt für Binnenschiffbau e. V., Duisburg
I. Der Flachwassereinfluß auf den Form- und Reibungswiderstand von Binnenschiffen
II. Der Flachwassereinfluß auf die Nachstrom- und Sogverhältnisse bei Binnenschiffen
1956, 44 Seiten, 14 Abb., DM 9,80

HEFT 366
Prof. Dipl.-Ing. W. Sturtzel und Dipl.-Ing. H. Schmidt-Stiebitz, Duisburg
Bei Flachwasserfahrten durch die Strömungsverteilung am Boden und an den Seiten stattfindende Beeinflussung des Reibungswiderstandes von Schiffen
1957, 96 Seiten, 39 Abb., 28 Tabellen, DM 20,40

HEFT 475
Prof. Dipl.-Ing. W. Sturtzel, Obering. K. Helm und Dipl.-Ing. H. Heuser, Duisburg
Systematische Ruderversuche mit einem Schleppkahn und einem Binnenselbstfahrer vom Typ „Gustav Koenigs"
1958, 70 Seiten, 38 Abb., 5 Tabellen, DM 20,10

HEFT 476
Prof. Dipl.-Ing. W. Sturtzel und Dipl.-Ing. H. Schmidt-Stiebitz, Duisburg
Einfluß der Hinterschiffsform auf das Manövrieren von Schiffen auf flachem Wasser
1958, 228 Seiten, 138 Abb., DM 54,—

HEFT 561
Prof. Dipl.-Ing. W. Sturtzel und Dipl.-Ing. H. Schmidt-Stiebitz, Duisburg
Verbesserung des Wirkungsgrades von Düsenpropellern durch zusätzlich angeordnete Mischdüsen
1959, 34 Seiten, 11 Abb., DM 9,60

HEFT 617
Prof. Dipl.-Ing. W. Sturtzel und Dr.-Ing. W. Graff, Duisburg
Systematische Untersuchungen von Kleinschiffsformen auf flachem Wasser im unter- und überkritischen Geschwindigkeitsbereich
1958, 48 Seiten, 23 Abb., 12 Tabellen, DM 13,60

HEFT 618
Prof. Dipl.-Ing. W. Sturtzel und Dr.-Ing. W. Graff, Duisburg
Untersuchungen der in stehendem und strömendem Wasser festgestellten Änderungen des Schiffswiderstandes durch Druckmessungen
1958, 34 Seiten, 21 Abb., DM 10,10

HEFT 691
Prof. Dipl.-Ing. W. Sturtzel und Dipl.-Ing. H. Schmidt-Stiebitz, Duisburg
Örtliche Geschwindigkeitsverteilung an den Seiten und am Boden von Schiffen bei Flachwasserfahrten
1959, 174 Seiten, 58 Abb., zahlr. Tabellen, DM 41,70

HEFT 746
Dipl.-Ing. H. Schmidt-Stiebitz, Duisburg
Untersuchung der das Wellenbild beim Übergang vom tiefen auf flaches Wasser beeinflussenden Faktoren
1959, 174 Seiten, 58 Abb., zahlr. Tabellen, DM 41,70

HEFT 763
Dipl.-Ing. H. Schmidt-Stiebitz, Duisburg
Untersuchung über den Ausbreitungswinkel der Bug- und Heckwellen auf flachem Wasser
1959, 40 Seiten, 22 Abb., DM 12,40

HEFT 774
Dipl.-Ing. H. Schmidt-Stiebitz, Duisburg
Einfluß des Wellenbildes auf das Drehkreisverhalten von Flachwasserschiffen bei größeren Geschwindigkeiten
1959, 40 Seiten, 31 Abb., DM 13,10

HEFT 802
Dipl.-Ing. H. Schmidt-Stiebitz, Duisburg
Die Wiederstandsverhältnisse miteinander verbundener getauchter und halbgetauchter Körper

HEFT 815
Prof. Dipl.-Ing. W. Sturtzel, Obering. K. Helm und Dr.-Ing. E. Schäle, Duisburg
Versuche mit ummantelten Schraubenpropellern zur Ermittlung der Maßstab-Kennzahl

---

Ein Gesamtverzeichnis der Forschungsberichte, die folgende Gebiete umfassen, kann bei Bedarf vom Verlag angefordert werden:
Acetylen / Schweißtechnik – Arbeitspsychologie und -wissenschaft – Bau / Steine / Erden – Bergbau – Biologie – Chemie – Eisenverarbeitende Industrie – Elektrotechnik / Optik – Fahrzeugbau / Gasmotoren – Farbe / Papier / Photographie – Fertigung – Gaswirtschaft – Hüttenwesen / Werkstoffkunde – Luftfahrt / Flugwissenschaften – Maschinenbau – Medizin / Pharmakologie / Physiologie – NE-Metalle – Physik – Schall / Ultraschall – Schiffahrt – Textiltechnik / Faserforschung / Wäschereiforschung – Turbinen – Verkehr – Wirtschaftswissenschaften.

If you have any concerns about our products,
you can contact us on
ProductSafety@springernature.com

In case Publisher is established outside the EU,
the EU authorized representative is:
**Springer Nature Customer Service Center GmbH
Europaplatz 3, 69115 Heidelberg, Germany**

Printed by Libri Plureos GmbH
in Hamburg, Germany